生活環境論

生活環境論

江口文陽
尾形圭子　［編著］
須藤賢一

秋山豊寛
伊藤　隆
上津奈保子
大賀祥治　［著］
久能木利武
熊倉浩靖
吉本博明

地人書館

編著者　**江口文陽**（えぐち・ふみお）
　　　　　高崎健康福祉大学健康福祉学部助教授（農学博士）
　　　　　環境省環境カウンセラー
　　　　尾形圭子（おがた・けいこ）
　　　　　株式会社ファインコミュニケーションズ代表取締役
　　　　須藤賢一（すどう・けんいち）
　　　　　高崎健康福祉大学学長・教授（農学博士）

著　者　**秋山豊寛**（あきやま・とよひろ）
　　　　　宇宙飛行士・ジャーナリスト・農業
　　　　伊藤　隆（いとう・たかし）
　　　　　高崎健康福祉大学健康福祉学部学部長・教授（医学博士）
　　　　上津奈保子（うわづ・なおこ）
　　　　　日本セラピスト学院学院長
　　　　大賀祥治（おおが・しょうじ）
　　　　　九州大学大学院農学研究院助教授（農学博士）
　　　　久能木利武（くのき・としたけ）
　　　　　東京農業大学農学部教授
　　　　熊倉浩靖（くまくら・ひろやす）
　　　　　NPOぐんま代表理事・高崎経済大学講師
　　　　　環境省環境カウンセラー
　　　　吉本博明（よしもと・ひろあき）
　　　　　株式会社日本バイオ取締役研究所長

はじめに

　私たちの生活の場である地球の環境問題は、個人の意識においても、国際政治においても重要課題として認識されている。地球環境は、人間のみならず、すべての生物が生活するための基盤である。しかしながら、環境問題への対応は、漫然とした取り組みの中で、ある種の膠着状態に陥り始めていることも事実である。

　人口の爆発的増加と生活様式の急激な変化に伴って、大量生産・大量消費・大量廃棄といった開放的資源利用の形態がとられるようになった。今や地球環境問題は、自然のままの状態では修復が困難なほどに深刻化している。

　本書は、自然の浄化能力を超えて引き起こされる環境問題の原因と影響を身近な生活の中から正しく認識し、環境保全、健康増進に向けて私たちがとるべき行動は何か、そのために知っておかなくてはいけないこととは何かを読者一人一人が認識し、日常生活の中で取り組むべき自主的行動のきっかけとなればと考え、編集したものである。

　すなわち、私たちをとりまく生活環境をより良くするためには、身近に存在する問題点を提起し、すぐにできることから解決に向けた行動を起こすことが出発点であろう。読者がその行動を起こすための正しい情報源として活用できることはもとより、大学院、大学、短大、専門学校の学生諸君の教科書として、さらには、自由学習で生活環境を学ぶ高等学校、中学校の生徒諸君などの参考書としての対応も踏まえて企画編集した。

　各章は、それぞれの分野を専門とし、多くの体験からその分野を解説できる著者によって分担執筆されている。特に第2章では、宇宙飛行士として地球を大気圏外から調査・観察し、現在その経験を基盤に農業を営み、ジャーナリストとして活躍する秋山豊寛氏にも執筆いただいた。

はじめに

　本書は、内容が多岐にわたるとともに、各章ごとの執筆形態もやや異なるため、違和感を感じられる読者もあるかと思うが、生活環境はまさに一人一人の独自な感性から情報をキャッチし、押しつけとならない取り組みが結果へと繋がるものと考え、あえてこの点を活かした。

　本書が、個人、家族そして地域で生活環境を考えるきっかけや、豊かな生活の場を確保するための情報としての一助となれば幸いである。

　本書の出版に際しては、地人書館の上條宰社長ならびに編集部の永山幸男氏に大変お世話になった。ここに深甚なる謝意を申し上げる次第である。

2003年3月1日

編著者　江口文陽

生活環境論　目次

はじめに　5

第1章　地球環境の現況　13

1.1　世界の環境問題　14
　（1）温暖化　16
　　　惑星の大気環境と気温の関係　16／温暖化の要因　16
　　　温暖化の影響　18／世界の温暖化防止への取組み　20
　（2）オゾン層の破壊　20
　　　オゾンホール　21／オゾン層はどのようにしてできたか　21
　　　オゾン層破壊のメカニズム　23／オゾン層破壊の影響と対策　23
　（3）熱帯雨林の減退　24
　　　森林の役割　25／熱帯雨林消失の要因　25
　　　熱帯雨林消失の影響　26／熱帯雨林の存続と回復のための対策　27
　（4）環境内化学物質　28
　　　(a)　環境ホルモン——内分泌作用撹乱化学物質　28
　　　　　奪われし未来——野生生物の異常行動と化学物質　28
　　　　　ウィングスプレッド会議　30／ホルモン作用とは　32
　　　　　合成化学物質がホルモン作用を撹乱するメカニズム　32
　　　(b)　ダイオキシン　38
1.2　人口増加と環境問題　40
　　　人口増加と食糧問題　40／人口増加と環境悪化　42
1.3　おわりに　43

目　次

第2章　農業・林業と自然環境　45

2.1　自然環境と農林業　46
　（1）生命産業としての農林業　46
　（2）生態系としての地球　48
　（3）持続可能な農林業へ　52

2.2　21世紀の農業・林業政策　56
　（1）自給の重要性　56
　（2）持続可能な森林づくり　59
　（3）農林業に関わる基本的視点　62

第3章　生活環境と健康　65

3.1　現代の健康問題　66
　（1）アレルギー　66
　　　アレルギーとは　66／アレルギー性疾患の原因と予防　67
　（2）感染症　68
　　　感染症の成り立ち　68／感染症の最近の動向　71
　（3）がん　74
　　（a）悪性新生物の最近の傾向　74
　　　　胃の悪性新生物　74／肺の悪性新生物　74
　　　　大腸の悪性新生物　74／乳房の悪性新生物　74
　　　　子宮の悪性新生物　75／その他の部位の悪性新生物　75
　　（b）がんの危険因子　75
　　　　がん発生の危険因子　75／食物とがんの関係　77
　　　　タバコとがんの関係　78／アルコールとがんの関係　78
　　　　ウイルスとがん　78／遺伝とがん　78
　（4）生活習慣病　79
　　　生活習慣病の現状　81
　（5）自己免疫疾患　82

3.2　生活の中の芳香　83
　(1) 成分利用の変遷　83
　(2) 日本における木の成分利用　85
　(3) 木の芳香療法（アロマテラピー）　88
　(4) 木のアレロパシー　90
　(5) 温故知新の技術　91
　(6) 揮発性物質の基礎知識　92
　　精油（エッセンシャルオイル）　92／精油の製造法　93
　　希釈濃度　93／保存法　94／賞香期限　94
　(7) アロマテラピー　94
　　アロマテラピーとは　94／アロマテラピーの歴史　95
　　精油の作用経路　95
　(8) 生活におけるアロマテラピーの楽しみ方　97
　　芳香浴　97／アロマテラピーサロン　97
　(9) 医療の一環としてのアロマテラピー　98
3.3　生活の中の音楽　99
　(1) 音楽の癒し　99
　(2) 環境音楽　102
　(3) 生活の中での音楽の楽しみ方　106

第4章　食品と健康　111

4.1　食品とその用途　112
　(1) 食品素材とその活用法　112
　(2) 食品の機能性を活用するには　113
　(3) 特定保健用食品　115
　(4) 流通される輸入食品の検査体制　116
　(5) 輸入食品から検出されたもの　118
　(6) 自給率向上と地産地消のすすめ　119
　(7) 有機JAS規格制度　120

有機農業とは　120／有機JAS規格とは　121
　　有機JAS規格の意義とは　124
　　有機JASマークを見たことがあるか　124
　　日本の農業の現状　125
　　頑張ってきた日本の有機農業　125
　　それでも日本は有機後進国　126
　　日本の農家は認証制度を乗り越えられるか？　126
　　農村に遊びにいってみよう　127
4.2　菌食としてのキノコと生理活性　128
　（1）キノコの歴史　128
　　史実　128／栽培法　128／栽培種　130／生産量　133
　（2）キノコの食文化　135
　　食材　135／世界のキノコ文化　138
　（3）キノコの生理活性　143
　　抗菌作用　143／抗腫瘍作用　144／抗ウイルス作用　146
　　降コレステロール作用　146

第5章　市民活動と都市生活環境　147

5.1　市民活動をテーマとする理由　148
5.2　生活環境と市民・事業者意識　149
　（1）生活環境をめぐる市民・事業者意識の実態　149
　（2）市民・事業者・行政に共通する問題点と解決の方向　150
5.3　市民活動が重視される時代背景　153
　（1）「強兵なき富国」の道、成功ゆえの行き詰まり　153
　（2）自己決定・自己責任の原理に基づく協働社会：PartnershipとPublic　155
　（3）今、市民活動に求められる新たな役割　157
5.4　生活環境問題解決を通した地球規模の連携　158
　（1）姉妹都市を活用した地域環境政策　158

（2）生活環境改善活動から地球市民のまちづくりへ　160
　5.5　緑ゴミを核とした地域循環のあり方　161
　　（1）なぜ「緑ゴミ」なのか　162
　　（2）群馬県バイオマス全体の中での緑ゴミの位置づけ　163
　　（3）緑ゴミを核とした地域静脈循環が日本を救う　165

第6章　現代社会における家族　169

　6.1　家庭環境の変化と時代背景　170
　　（1）核家族化と少子化　170
　　（2）地域社会との関わり（住環境と周辺の環境）　171
　　（3）情報化社会の発展と普及　171
　6.2　コミュニケーションの重要性　174
　　（1）子供の"心の発達"　174
　　（2）幼児・児童虐待　175
　6.3　子供たちの未来　178

参考文献　181

索　　引　185

執筆者の担当箇所

秋山豊寛	第 2 章	
伊藤　隆	第 3 章	3.1
上津奈保子	第 3 章	3.2(6)〜3.2(9)
江口文陽	第 3 章	3.2(1)〜3.2(5)
	第 4 章	4.1(1)〜4.1(6)
大賀祥治	第 4 章	4.2
尾形圭子	第 6 章	
久能木利武	第 3 章	3.3
熊倉浩靖	第 5 章	
須藤賢一	第 1 章	
吉本博明	第 4 章	4.1(7)

第1章　地球環境の現況

須藤賢一

第1章　地球環境の現況

1.1　世界の環境問題

　地球規模の環境汚染が人々の話題にのぼり、自分たちの問題として認識されはじめて30年余りの年月がたつ。ものづくりに関わる新しい知識やその応用技術が次々に開発され、清潔な工場でベルトコンベアを流れるように大量生産される製品が私たちの身の回りに溢れるようになり、また、アポロ11号が打ち上げられ、月面を飛び跳ねる人間の姿を見た世界中の人々は、科学技術は万能であり、人間の文明は無限に進化すると信じていた。

　このような人間の驕りに冷や水を浴びせたのは、1972年に発表されたローマ会議が発表した「成長の限界」である。石油を主とする資源は有限であり、増加しつづける人類は環境保全に影響を及ぼし、限りある資源の枯渇を促進すると警告した。その書の中に初めて現れた"人口爆発（Population Explosion）"という言葉は、人類に警告を発する意味で象徴的な言葉といえるだろう。その後、レイチェル・カーソンは『沈黙の春』で、シーア・コルボーンらはその書『奪われし未来』で、化学物質によって私たちや私たちのすぐそばで生活している生き物が生存の危機に立たされていることを科学的根拠に基づいて全世界に発信した。

　オゾン層の破壊、温暖化、熱帯降雨林の減少、水資源の枯渇等地球規模に関わる環境破壊は依然として進行中である。しかしながら、NGO（Non Governmental Organization，非政府組織）やNPO（Non Profit Organization，非営利組織）などの民間団体による環境保全運動や、国際標準化機構（ISO，International Organization of Standardization）が制定した環境管理システムに関する国際規格、ISO-14001を取得する企業や自治体の動きなど、消費者、非政府民間組織や企業などに環境保全への取り組みに対する新しい潮流が胎動している。

　太陽系第3惑星である地球は、およそ46億年前に誕生したといわれてい

る。誕生時の灼熱状態の地表に大気中およそ200気圧あったとされる大量の水蒸気が雨となって降り注ぎ、地球に海が出現し、およそ35億年前に嫌気性で細胞に核のない原核生物が誕生した。南アフリカの30～35億年前の地層から微小なラン藻類の化石が発見されている。地球は生物の生存条件（水の存在や平均気温など）をまれに見る確率で備えている惑星といえるが、初期の生物の誕生以来、地球自体の環境変化や生物自身がもたらした環境変化によって、生物はその生存のために多様な進化をとげて、現在500万種とも1000万種ともいわれる生物群がこの地球上で生を育んでいる。

人類はアフリカ大陸に誕生し、それは約360万年前といわれている。東アフリカのタンザニアで人類の祖先といわれている猿人（アウストラロピテクス・ロブスツス）の化石が新世代第三紀末の地層から発見されている。猿人類は現代人とは似ても似つかぬ形態をしていたが、二足歩行をしていたことや初歩的な石器を使用していたことが明らかになっている。人類は、猿人から北京原人に代表される原人（ホモ・エレクツス）、ネアンデルタール人として知られる旧人（ホモ・サピエンス・ネアンデルターレンシス）、そして新人を経て現代人に進化してきた。世界の各地で3万年から1万年前の地層から現代人と骨格や形態がほとんど変わらない化石が出土している。

人類は、他の動物には見られない知恵と手を自在に使えるという身体的機能、そして、火を道具、ときには武器として使用したことによって生存と繁栄を果たし、自らの文明を築いてきた。

人類が革新的な動力手段を獲得した18世紀末の産業革命以後は、エネルギー手段として豊富で安価な化石資源を潤沢に使用することによって文明は加速度的に発展し、私たちの生活は便利で豊かになった。そして、人類の飽くなき利便性の追求は、自然への攻撃によってのみ可能であり、そのスピードはいつしか自然の修復力を超えてしまった。これが、現在の地球規模にわたる環境破壊の要因である。

第1章　地球環境の現況

（1）温暖化

　地球の気温が上昇しているという。地球表面の平均気温は約15℃である。およそ35億年前に高温・高圧というきわめて過酷な条件で海の中に嫌気性で核のない最初の生命が誕生して以来、生物は地球環境の変化によって栄枯盛衰を繰り返し、進化をとげてきた。現在、地球上に500万種ともいわれる多種多様な生物が生を育んでいる。

惑星の大気環境と気温の関係

　惑星の地表温度はその惑星の大気の状態と密接な関係がある。金星の大気はおよそ90気圧あり、そのうち90％以上が温室効果ガスの二酸化炭素であるため、地表温度は477℃という高温状態にあり、一方、0.007気圧というきわめて薄い大気に覆われている火星の表面温度は－47℃と観測されている。地球には1気圧の大気があるが、もし大気がないとすると地球の地表温度は理論上－18℃になるといわれている。現在、地球の平均気温は約15℃であるので、地球大気による温室効果は33℃となる。

温暖化の要因

　近年、毎年のように世界のどこかで異常気象が報告されている。1988年、アメリカの穀倉地帯は猛暑と干ばつに襲われたが、その原因として、米国航空宇宙局のハンセン博士は地球規模にわたる温暖化の可能性を指摘し、それ以来温暖化が社会的な注目を浴びるようになってきた。地球の大気組成は、おもにおよそ78％の窒素、21％の酸素、1％のアルゴンからなっており、温暖化の元凶といわれている二酸化炭素（炭酸ガス）はわずか0.035％にすぎない。

　大気中の二酸化炭素濃度が上がると気温が上昇することを指摘したのはスウェーデンのアレーニウスである。二酸化炭素は太陽光で暖められた地球表面から放射される赤外線を吸収する性質をもっており、二酸化炭素に吸収された熱が地表に向かって放射され、そのため地表が暖められる。このような性質をもつ気体を温室効果ガスというが、地球大気の中の温室効

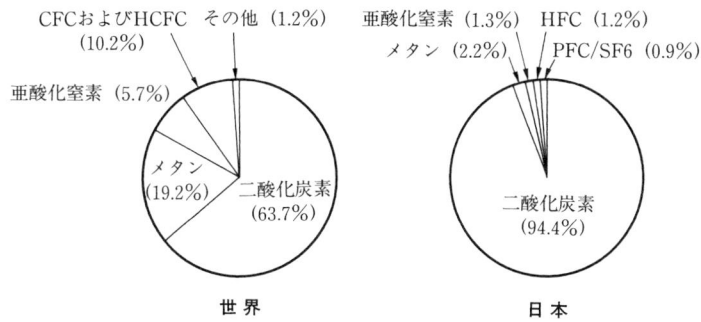

図1.1 地球温暖化への温室効果ガスの寄与率

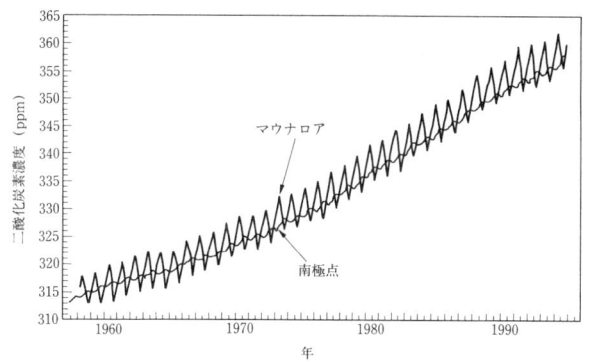

図1.2 マウナロア観測所（ハワイ）と南極点における大気中二酸化炭素濃度の変化
(C.D.Keeling, T.P.Wahlen, M.Wahlen & J.van der Plicht, *Nature* **375**, 22 (1995) より)

果ガスとしては、二酸化炭素のほかにフロン、メタン、亜酸化窒素等がある。

　温室効果ガスの地球温暖化への寄与率は、世界全体では二酸化炭素64％、メタン20％、亜酸化窒素6％、フロン類10％となるが、わが国では二酸化炭素の排出による寄与度が圧倒的に高く、約95％に達する（図1.1）。

　人類の活動によって大気中の二酸化炭素濃度は着実に増加している。国際地球観測年であった1957年にハワイのマウナロア観測所で大気中の二酸化炭素濃度の測定が開始された。周囲に工場のない太平洋上の孤島での観測は、周辺の影響をまったく考慮することなく、大気中の成分濃度を正確

第1章　地球環境の現況

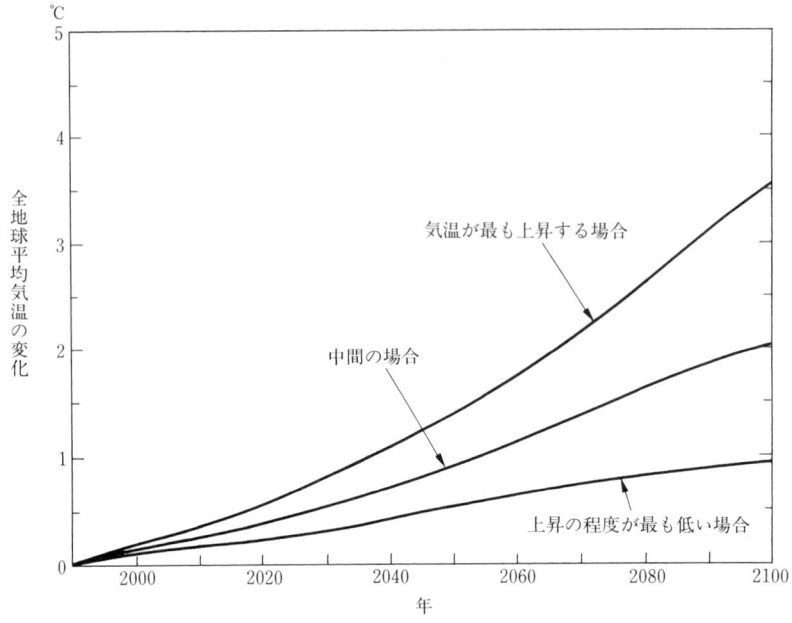

図1.3 気温の上昇予測（『IPCC第1回作業報告』気候変化（1995）より）

に測定できる。マウナロアと南極点における大気中の二酸化炭素濃度は年々増加しており、1994年当時でおよそ360ppmであることがわかる（図1.2）。

産業革命前の大気中の二酸化炭素濃度はおよそ270ppmであったといわれているが、人間の活動の活発化による石油や石炭など化石資源の利用の拡大とともに増加した。また、大気中の二酸化炭素濃度は、土木建築用材であるセメントの製産増加や光合成によって二酸化炭素を吸収する樹木の伐採によっても増加する。

温暖化の影響

二酸化炭素、メタン、フロン、亜酸化窒素などの温室効果ガス濃度の増加は、この地球上にどのような影響を及ぼすのであろうか。温室効果ガスの増加によって気温がどの程度上昇するかはさまざまな見方がある。各国の科学者によって構成されている「気候変動に関する政府間パネル」

（IPCC）は、地球温暖化に関する将来予測について21世紀末には地球の平均気温は3℃上昇し、海面は1990年当時に比べて約65cm上がると報告している（図1.3）。気象庁気象研究所は、気候変動モデルを用いて、50年後の気温上昇は約1ないし2℃と予測している。

　このような急激な温暖化は南北両極の氷や大陸氷河の融解、水の膨張をもたらし、海面の上昇が懸念されている。実際、南極の棚氷が大規模に崩れており、ヒマラヤの氷河がとけてダムに水が溢れ、下流の村落が洪水の危機に立たされている。海面の上昇により、海抜ゼロメートル地帯の侵食や、川への海水の逆流による農地の塩害等の被害が心配されている。

　気象庁気象研究所は、二酸化炭素濃度が1990年レベルの倍に増加すると海面気温は日本海側で1.6℃、太平洋側で1.2～1.6℃上昇し、また、オホーツク海では1.8℃上昇すると予測している。海面上昇は日本海側が約20～40cm、太平洋沿岸では約25～35cmと予測しており、砂浜のおよそ60％が海に沈むと見込んでいる。また、急激な世界規模の気候変化や異常気象が頻繁に起こることによる災害の多発、熱中症や熱射病の増加、光化学スモッグが頻繁に発生するようになり、マラリアやデング熱等本来亜熱帯・熱帯地域の媒介性感染症の北上、農作物では作付け農作物の北限の北上、収穫量や味の変化などによる混乱、そして何よりも生態系の破壊が懸念されている。

　21世紀末までに気温が3℃上昇すると、生態系分布は標高では500m、北半球では緯度方向で北へ500km移動することになり、年換算すると標高で5m/年、緯度方向で5km/年となり、相当の速度といえる。野生生物は自らの生存のため移動を余儀なくされるが、植物と動物あるいは微生物の種による適合性の差等により、種によっては絶滅するおそれがある。

　イギリスのヨーク大学の研究者は、英国内に自生する385種の開花時期を1954年から2000年まで調査し、その結果、90年代は平均して4.5日早くなっており、そのうち60種は平均15日も早まっていることを『サイエンス』誌上で発表している。さらに英仏の海洋研究機関によると、北大西洋にお

第1章　地球環境の現況

ける暖水系動物プランクトンの生息地域が、北の方向に緯度10度分、分布を広げていると報告されている。これらの現象も温暖化による影響である。

世界の温暖化防止への取組み

温暖化対策は全地球に関わることであり、1988年に国連環境計画（UNEP）と世界気象機構（WMO）の共同によって、地球温暖化に関する科学的側面を各国政府が公式に検討する場として、気候変動に関する政府間パネル（IPCC）が設置された。1992年、リオデジャネイロで開催された地球開発環境会議で「気候変動枠組み条約」が採択され、条約に締結した国の数は167か国になっている。1997年12月に京都において第3回締約国会議が開催され、二酸化炭素等の温室効果ガス排出削減の具体的内容である「京都議定書」が採択された。その内容は、

① 二酸化炭素の排出は1990年レベルから各国に割り当てた数値目標を達成すること

② 二酸化炭素以外の温室効果ガスについては1990年の排出レベルを超えないこと

③ 1990年以降の新規の植林、再植林および森林減少に関わる排出および吸収を限定的に考慮すること

④ 目標年を2008～2012年とすること

などである。特に、先進諸国に対する削減割り当ては、アメリカ：－7％、EU：－8％、日本：－6％などとなっている。京都議定書については、現在各国が批准の準備をしているが、各国の利害が絡み合うので難航している状況である。

（2） オゾン層の破壊

オゾン層は生物自身がつくり上げた天空の生命防御装置である。オゾン層は地上から8～12kmに存在する大気圏の上方、およそ50kmまでのきわめて大気の薄い層である成層圏の中下部に約15kmの範囲に存在している。

成層圏のオゾンの量はきわめて薄く、仮に1気圧の大気に換算するとその厚さはわずか3mmにすぎない。しかし、このオゾン層は太陽から放射される紫外線を吸収する作用があるので、地球に生息する生物のバリアーの働きをしている。

オゾンホール

1975年に開始された人工衛星ニンバスに搭載されているオゾン観測装置（Total Ozone Measurement System）によって、南極上空のオゾン層が極端に減少していることが発見された。その後毎年南極の春に当たる10月頃観測を行っているが、オゾン濃度が薄くなって発生するオゾンホールは毎年拡大しており、南極上空のオゾン濃度は最大40％減少したといわれている。オゾン層の破壊は南極地域に限らず、北極地域にもオゾンホールの発生が見られており、中緯度地帯の上空のオゾン濃度も減少しているとの観測もある。

オゾン層はどのようにしてできたか

地球に大量の水蒸気が雨となって降り注ぎ、海を形成した後の原始地球の大気は、おもに窒素、二酸化炭素および水蒸気であったといわれており、酸素は大気中に含まれていなかった。地球に生物が誕生したのは35億年以上前といわれている。これは仮説ではなく、実際オーストラリア西部のノースポールで35億年前の地層から千分の数ミリという糸状の微小なラン藻の化石が発見されている。

このラン藻の特異なところは、光合成能を有する葉緑素をもっていたことである。光合成は二酸化炭素と水から生物のエネルギーとなる糖をつくり、酸素を放出する反応である。したがって、光合成によって成長するラン藻のような生物によって放出された酸素は、当初海の中の鉄などさまざまな物質と反応し消費されたが、次第に海の中に酸素が飽和状態となり、やがて大気中に酸素が放出されるようになったと考えられている。

大気中に放出された酸素は、波長の短く分子を破壊するエネルギーのある紫外線により酸素原子に分解され、それが酸素分子と結合してオゾンを

第1章　地球環境の現況

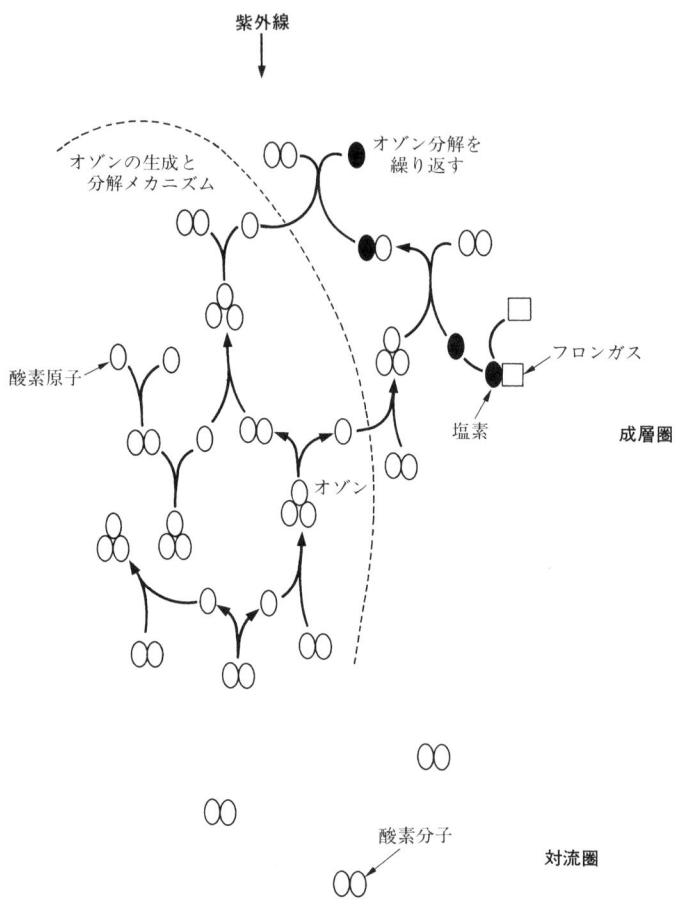

図1.4 オゾンの生成・分解とフロンガスによるオゾンの分解

形成していったと考えられている。成層圏でオゾンは生成と分解が繰り返されている（図1.4）。やがてオゾン層が形成され、太陽からの紫外線が地球上に照射されなくなってから、生物は海から地上に進出した。現在、地球の大気は窒素78%、酸素21%であるが、いつごろこのような大気になっ

たのかについては、およそ2億年と考えられている。

オゾン層破壊のメカニズム

生命防御装置であるオゾン層を破壊するのは、塩素化合物、超音速旅客機から排出される窒素酸化物、農薬の臭化メチルなどであるが、中でもフロンガスと呼ばれるフロンはクロロフルオロカーボンとハロンの影響が大きい。クロロとは塩素を、フルオロはフッ素を表すが、メタンの四つの水素が塩素やフッ素に置き換わった物質であり、人間がつくり出した物質である。この物質は化学的、熱的に安定であり、人間への毒性がきわめて低いので、さまざまな分野で使用されてきた。

たとえば、ヘアースプレーの噴霧剤や冷蔵庫やクーラーの冷媒、ポリウレタンの発泡剤などとして用いられてきたが、なんといってもフロンガスの消費の主役はコンピュータなど半導体産業で使われているICやLSIなどの洗浄剤である。フロンガスは大気圏をゆっくり上昇して、紫外線の強い成層圏に達すると光分解によって塩素を放出する。この塩素が、紫外線による分解と生成を繰り返して一定の濃度に保っているオゾンの分解物である酸素原子と結びつく（図1.4）。しかも、一つの塩素原子は繰り返し酸素と結合し、そのスピードは、酸素原子が酸素分子と再び結合してオゾンを再生成する速度よりきわめて速いために、結果としてオゾン濃度が減少することになる。

オゾン層破壊の影響と対策

オゾン濃度が1%減少すると、地表に到達する紫外線の量は2%増加するといわれている。地上に照射する紫外線の増加は、人間にとって皮膚がんや白内障等の害を及ぼす。また、管理されたグリーンハウス内で紫外線を照射して育てた植物は、成長が20〜50%抑制されるという実験結果が報告されており、農作物の収穫量が大きく減少すると考えられている。

生命防御装置の一つであるオゾン層の破壊は人類にとってきわめて深刻な事態である。そのため、1992年、ロンドンで開かれたモントリオール議定書第4回締約国会議において、オゾン層破壊型のフロン11、12、113、

114などの特定フロンや特定ハロンおよび四塩化炭素については1995年に生産中止、特定フロンよりもオゾン層分解能の低い代替フロンと呼ばれるハイドロクロロフルオロカーボンも2020年までに全廃すると決議された。

現在、半導体工場のIC基盤、LSIの洗浄や冷蔵庫やクーラーの冷媒には代替フロン、スプレー噴射剤には液化石油ガス、ポリウレタンの発泡には水というように、特定フロンは用いられていない。しかし、1980年代におけるフロン11と12の年間生産量は併せて約80万トン、フロン全体で約100万トンであり、1988年までに放出されたフロン量はおよそ1800万トンと推定されている。オゾン層の破壊をくい止めるためにはフロンガスを大気中に放出させないことが重要である。しかし、成層圏におけるオゾン前段物質である酸素は対流圏から間断なく無限に供給されるという自然のサイクルを考慮すると、これ以上オゾン層破壊物質の大気中への放出がなければ将来的には復元するものと思われる。

(3) 熱帯雨林の減退

森林は水の循環をつかさどり、多様な生物の生息の場であるとともに、人間にとってその生存の原点であった。温帯地方の森林は、工場や自動車の排煙に含まれる硫黄酸化物や窒素酸化物を原因とする酸性雨により被害を被っているが、人類にとっては熱帯雨林の減退が最も懸念される。

人類は森林を犠牲にすることで自らの文明を築きあげてきたといえる。狩猟生活から農耕生活へ移行することによって食料の確保が可能になり、生活が安定することで人口が増加してますます森林は伐採された。森林を伐採し、文明が築かれたとしても、土地は荒れ、水分を保持できなくなった土地は崩壊して、人々は豊かな森を目指して移動した。人類は紀元前30世紀頃から森林に手を加えはじめ、以来、5000年間、森林を攻撃しつづけてきた。

現在、亜寒帯、温帯地域の森林は酸性雨による被害があるが、おおむね安定な状態にある。問題は熱帯雨林の減退である。1980年の調査では、毎

年1100万haの熱帯林が消失しているといわれているが、1990年のFAOの調査によると、熱帯林の人為的伐採による消失は、毎年1500万haに達しているといわれている。これは日本の国土の約4割の面積に相当する。

森林の役割

緑色植物は、光合成により二酸化炭素と水という無機物質から有機物を産生する生態系における生産者であり、大気中に酸素を放出し、大気中の二酸化炭素を固定する。緑色植物の約9割を占める森林は二酸化炭素の巨大な蓄積場である。森林は林床に落葉や落枝などの有機物を供給し、森林土壌に生息する生物や微生物は有機物を分解して自らの栄養源とし、これら生物の活動によって土壌は膨軟化し、土壌中に孔隙をつくり、スポンジ状構造をつくり出す。そのため、雨水を大量に貯留し、孔隙構造の中でいろいろな不純物が吸着され、イオン交換が行われて良質な水を供給する。

森林から流れ出す水は、渓流の淡水魚や水田に恩恵を与えるばかりでなく、遠く海にまで栄養素を運び、沿岸の魚介類の繁殖に貢献している。世界の有名な牡蠣の養殖場が川の流れ込む場所にあるのはそのためである。森林は、生産者としてのいろいろな植物、消費者としての多種多様な動物、そして分解者としての微生物など、食物連鎖の循環の中で生物の集団を育み、生態系を維持している。特に、熱帯雨林は遺伝子の宝庫ともいわれ、将来の遺伝子工学をはじめとする生命科学の発展に欠かせない財産である。さらに、森林は人間にとって精神的なリフレッシュの場であり、レクリエーション機能を備えている。

熱帯雨林消失の要因

熱帯雨林の消失は、商業伐採、焼畑農業、過放牧、人口圧力、商品経済の進展などさまざまな要因が絡み合って進行している。ただ、東南アジアでは商業伐採、ブラジルのアマゾン地域では焼畑農耕や過放牧に主たる原因を求めることができる。熱帯地域に住む部族民は森林に火入れをして農耕地や放牧地を営み、自分たちに必要最小限の食料を生産していた。そのため、森林への火入れにも一定のルールがあり、自然の脅威を肌で感じて

いるため自ら厳しい規制を強いていたと思われる。自然と共生していた人々に物質文明がもたらされ、商品経済が進展してくると、自給自足的耕作から貨幣を得るための耕作になり、火入れ面積の拡大と焼畑の休閑期の短縮をもたらした。さらに人口の増加がこれを加速した。

東南アジアの熱帯雨林に自生する樹木は、季節のない1年中温暖な気候の中で生育するため年輪が形成されがたく、機械的加工に適している。特に、フタバガキ科の樹木は杉のように通直に、しかも大径となるので、ベニア等の加工材原木としてフィリピン、マレーシア、インドネシアなどで伐採が進み、広大な面積の森林が消失した。タイでは高級家具材のチークが伐採の対象となり、国土の7割を占めていた森林が今では1/3も残っていない状況である。そのため、雨期にはバングラデシュなどとともに大規模な洪水の被害に毎年襲われている。

また、東南アジアの沿岸地域で海水と淡水が混ざり合う汽水域に繁茂するマングローブの林は、エビの養殖のため大規模な伐採がなされている。マングローブ林は海の多くの生物種の天然の養殖場であるが、マングローブ林の消失で海の生態系が破壊されている。これらの熱帯雨林の破壊は、ほとんど日本の商社の活動によってもたらされたことは疑いがない。

熱帯雨林消失の影響

陸上の年間生態系純生産量（1年間に光合成により生産される有機物から微生物、昆虫、動物などに利用され、さらにそれらの呼吸に消費される量を引いた純粋の有機物増加量）は1150億トン、そのうち森林による成長量は739億トンといわれ、熱帯雨林の寄与率は50％超の374億トンに達する。炭素換算すると168億トンに相当する。一方、大気中の二酸化炭素量を炭素量に換算して約7500億トンとすると、毎年熱帯雨林に蓄積される有機物は大気中二酸化炭素の2.24％を固定していることになる。

また、毎年、石油、石炭、天然ガス等の化石資源やセメント製産などによって人為的に放出される二酸化炭素の量は炭素換算で55億トン、熱帯地域の森林の伐採や火入れによる耕地等への転換による二酸化炭素吸収量の

減少から約16億トン、合計71億トンの二酸化炭素が大気中に放出される。このうち、海洋に吸収される量が約20億トン、北半球の温帯・亜寒帯地域の森林の再生によって約5億トン、その他陸上生態系により吸収される二酸化炭素量がおよそ13億トンと見積もられ、その差33億トンの炭素量に相当する二酸化炭素が大気中に残留するといわれている。地球大気中の炭素量はおよそ7500億トンといわれており、年間大気中に残留する炭素量33億トンは二酸化炭素換算で121億トンとなり、その量は大気中二酸化炭素濃度1.5ppmとなる。もし、熱帯雨林の消失が続くなら、大気中に残留する二酸化炭素の量は年々増えつづけて温暖化はいっそう促進されることになる。

熱帯林は熱帯季節林と熱帯雨林に区分される。熱帯林全体で地球面積のわずか4.8％、熱帯雨林は3.3％を占めるにすぎないが、地球全体の光合成産物の約56％に当たる有機物を蓄積している。そこには多様な生物の個体群が生を営んでおり、熱帯雨林の消失は、生態系の急激な変化と膨大な種の絶滅を引き起こすことが懸念される。

森林は水の循環をつかさどっており、特に熱帯雨林は膨大な量の水を保有し、蒸発と回帰を繰り返している。熱帯雨林の消失は、この水の循環を断つことになり、地球規模の気候変動が起こる可能性が指摘されている。

熱帯雨林の存続と回復のための対策

人間の生活にさまざまな影響を及ぼす森林に関する世界的合意として、1992年にリオデジャネイロで開催された地球サミットにおいて「森林原則声明」が採択された。これは条約と異なり拘束力はないが、森林が人類に対してもっている社会的、経済的、生態学的、文化的、精神的な機能の保全と持続可能な開発の重要性を強調している。

熱帯林については、1983年熱帯木材貿易の円滑かつ安定を目的とする「国際熱帯林協定」、1985年には熱帯林の適切な開発と保全を図るための国際的行動指針である「国際熱帯林行動計画」が策定されている。

熱帯雨林を育む土壌はきわめて脆弱である。養分の富む有機層はおよそ

80cmときわめて薄く、伐採によって剥き出しとなった表層の有機層は、熱帯の強烈な太陽の熱で分解され、雨で流失し、固く養分のない赤土が残るばかりである。しかも、熱帯の熱でカラカラに乾燥し、植物を寄せつけないので、熱帯雨林の再生は困難を極める。そのため、研究機関や民間における植栽法の工夫や新種の開発、苗木の育成技術や育苗法の開発などさまざまな取り組みが行われている。

熱帯雨林地域の国々は開発途上国が大部分であり、そのため、外貨獲得のため日本をはじめとする先進国による商業伐採が大規模に行われ、また、人口の急激な増加によって食糧増産のための焼畑農耕の拡大と燃木利用としての過伐採が進み、林地は急激に失われていった。

開発途上国は開発と保全の谷間で揺れ動いているようであるが、基本的には保全の方向に向かっている。しかし、人口増加と貧困のため住民による過伐採は止むことがない。先進国は熱帯降雨林の破壊をくい止めるために、開発途上国における国民の生活安定のための経済的援助と熱帯林再生に向けて技術援助を行う責務がある。

(4) 環境内化学物質

(a) 環境ホルモン——内分泌作用撹乱化学物質

奪われし未来——野生生物の異常行動と化学物質

シーア・コルボーンらによって1996年に発刊された『奪われし未来』（Our Stolen Future）は世界中の人々に衝撃を与えた。私たちが普段無意識に呼吸している空気中に漂い、当たり前のように流れている河川や湖に溶け込み、私たちの生活の基盤となる大地の中に混ざり合っている化学物質が哺乳類や爬虫類、魚類や鳥類などさまざまな生物の生存を脅かす震撼すべき影響を及ぼしていると警告した。

人間は農薬、肥料、殺虫剤、防腐剤、合成洗剤、医薬品、界面活性剤、合成樹脂など多くの化学物質を合成化学の手段により製造し、環境に放出

してきた。戦後まもなく、ハエや蚊、ノミやダニなどの駆除に効果を発揮するDDTが登場し、マラリアなどの感染症の撲滅が期待され、公衆衛生の改善に大きく貢献した。農薬の開発と普及によって病害虫による農作物の被害を防止でき、さまざまな肥料の施肥によって収穫量の増加が達成された。合成洗剤の開発によって食器洗いや洗濯など家事労働が軽減され、いつも清潔な衣服を身につけることができるようになった。石油を原料とする軽量で丈夫、かつ安価なプラスチック製品は、私たちの生活の利便性を大きく改善した。

私たちがこれら合成化学物質の恩恵に浸っている間に、自然界では哺乳類を含む多くの生物に生殖系に関わる異変が起こっていた（表1.1）。フロ

表1.1 化学物質の動物実験によるエストロゲン様作用

	生物	場所	影響	推定される原因物質	原因物質の用途
貝類	イボニシ	日本沿岸	雌の雄性化、個体数の減少	トリブチルスズ	船底塗料
魚類	ニジマス	英国の川	雄の雌性化、個体数の減少	ノニルフェノール（断定されず）	ポリカーボネート樹脂やスチレン樹脂の原料
	ローチ	英国の川	雌雄同体化	同上	
	コイ*	多摩川	精巣の縮小、精子形成能低下 雄にビトロゲニンの発現	同上	
爬虫類	ワニ	フロリダ	個体数の減少、雄の生殖器の矮小化	DDTなどの有機塩素系農薬	殺虫剤
鳥類	ハクトウワシ*	フロリダ	個体数の減少、生殖能の低下	特定されず	
	セグロカモメ	オンタリオ湖	孵化率の低下、雛の奇形	特定されず	
	メリケンアジサシ	ミシガン湖	孵化率の低下、卵殻の薄化	DDT、PCBsなど	PCBs：絶縁材
哺乳類	アザラシ	北海沿岸	個体数減少、免疫機能低下	PCBs	ダイオキシン： 非意図的生成化学物質 DES： 合成女性ホルモン*
	ピューマ	フロリダ	個体数減少、精子数の減少 異常精子の多発	ダイオキシン、PCBs、DESなど（未確認）	
	シロイルカ	カナダ	個体数減少、免疫機能低下	PCBs	

『環境白書』（平成11年度版）「総説」参照（＊一部加筆）

リダ州アカプカ湖に生息するアリゲーターの卵の孵化率が極端に減少しており、驚いたことに雄の生殖器が異常なほど矮小化していた。これは、上流の農薬工場の爆発によって流出した大量のDDTやDDT代謝物のDDEなどに暴露されたためではないかと推察されている。ポリ塩化ビフェニール（PCBs）やDDT、環状炭化水素などの石油由来の合成化学物質に汚染されていた五大湖の一つオンタリオ湖では、セグロカモメのコロニーで孵化しない卵や雛の死骸が数多く発見され、死んだ雛の多くは目を背けたくなるような酷い奇形であった。イギリスでは河川でメス化した魚や雌雄同体の魚が発見され、川の水には内因性の女性ホルモン、人工避妊薬ピルの成分であるエチニール・エストラダイオールのほかに洗剤由来のノニルフェノールが検出された。わが国では、全国の沿岸地域に生息する巻貝の一種イボニシに、メスのオス化が地域の例外なく発生しているとの指摘がある。これは、船体塗料や魚網防泥剤に含まれているトリブチルスズの影響と考えられている。

ウィングスプレッド会議

コルボーンは、五大湖周辺に生息するアジサシ、セグロカモメ、ハクトウワシなどについて、卵が孵化しない、雛の奇形の多発や高い死亡率、求愛行動や巣づくりをしない、孵化行動をしないなどの行動異常の原因を特定するため、野生生物関連の2,000件を超える膨大な論文や報告書を精査すると同時に、多くの野生生物の生態に関わっている研究者や観察者との意見交換を続けた。

また、彼女は五大湖の魚を定期的に食べている女性から産まれた子供は、そうでない女性から産まれた子供に比べて身体的外見や神経系の発達が劣っているとのデータにも着目し、人間も化学物質の影響に例外ではありえないことに危惧を感じた。コルボーンは、これらの異常現象をホルモンの働きと関連づけることによって、世界で起こっている野生生物の子孫を残すという生物の基本的行動における異常をすべて説明できるという結論に達した。

コルボーンは、1991年7月にウィスコンシン州ウィングスプレッドに野生生物の行動や生殖異常などの問題に取り組んでいる科学者を集め、野生生物に起こっている異常行動とホルモンとの関連について議論を重ね、以下のような結論に達した。

① 合成化学物質はヒトをはじめとする動物の内分泌系作用に関与し、女性ホルモンと類似の作用、抗男性ホルモン作用などのホルモン系を攪乱させる作用をもつ。
② 多くの野生生物の個体群に見られる生殖異常や性発達異常は、これら化学物質の影響による。
③ ヒトもすでにこれらの合成化学物質の影響を受けている。

このように、化学物質が生物のホルモン作用に影響を与え、人間にも危害が及ぶ危険性について、科学者たちはウィングスプレッド合意として発表し、世界に向けて化学物質の危険性を警告した。

デンマーク、コペンハーゲン大学のスカッケベックは、成年男子の精子数の激減と精子奇形の発現率の増加、精巣がんの発生率が、1940年から40年間に3倍に増加したことを発表していた。子孫を残すという生物の最大の目的に対する異常行動、生殖器官の異常、生殖能力の減退など野生生物に現れていたさまざまな現象は、人間に影響を及ぼさないとはいえない。

人間にも、産まれた子供に影響を与える多くの悲惨な薬物被害が発生している。「アザラシ肢症」と呼ばれる手足がなかったり、極端に短かったりして生まれる先天性欠損症を引き起こしたサリドマイド事件（妊婦が睡眠薬や精神安定剤として服用）の被害者は、世界でおよそ8000人に達した。合成エストロゲン物質として開発されたジエチルスチルベステロール（DES）は1960～1970年代に、主として流産や早産の防止薬として世界でおよそ500万人の妊婦に処方されたが、その後、DESを服用した母体から産まれた女性に遅発性の生殖器がんなどの発生が確認された。DESの被害は、外界からの摂取による生体内での過剰なホルモンが次世代の健康を蝕

む可能性を指摘するものである。合成化学物質がホルモン類似作用をする可能性を示唆する例証であり、このことはコルボーンらによって1990年代になって指摘された。

ホルモン作用とは

ホルモンは、個体の健全な成長・発達や性の違いによる行動認識など、すべての生物が生き物である証となる重要な働きをする物質である。ホルモンの語源は「刺激する」という意味のギリシャ語に由来するが、その名の通り動物の組織分化、組織の成長、生殖機能の発達などを調整する役割を果たしている。内分泌器官から特定のホルモンが分泌され、血液に輸送されて作用すべき組織細胞に達し、受容体と結合して細胞核にある遺伝子（DNA）に必要な指令を送って、生体を正常に維持するため、あるいは生殖行動を促すために必要なタンパク質を生成させ、役割が終わると消滅する。しかもごく微量で生命の生理活動に関与する。ホルモンの血液中濃度はきわめて低く、ng/ml〜pg/mlといわれており、1mlの血液に10億分の1から1兆分の1という微量である。

人間の場合、ホルモンを分泌する内分泌器官はいくつかあり、下垂体からは成長ホルモン、甲状腺からは代謝の亢進や知能・成長を調整する甲状腺ホルモン、副腎からは代謝や免疫の調整などに関与する副腎皮質ホルモン、男性の精巣からはアンドロゲン（男性ホルモン）、卵巣からはエストロゲン（女性ホルモン）、糖の消化に関与する膵臓から分泌されるインシュリンなどがある。また、ホルモンの化学構造の違いによって、ステロイドホルモン、アミノ酸誘導体ホルモン、ペプチドホルモンなどに分類される。

合成化学物質がホルモン作用を撹乱するメカニズム

ホルモンと受容体は鍵と鍵穴の関係であり、両者が合体すると細胞核内の遺伝子（DNA）が活性化してしかるべき生体反応を起こす。しかるに、環境内のある種の人工化学物質が擬似ホルモンとして働いて受容体に結合し、同じような反応を引き起こすと考えられている（図1.5）。野生生物に

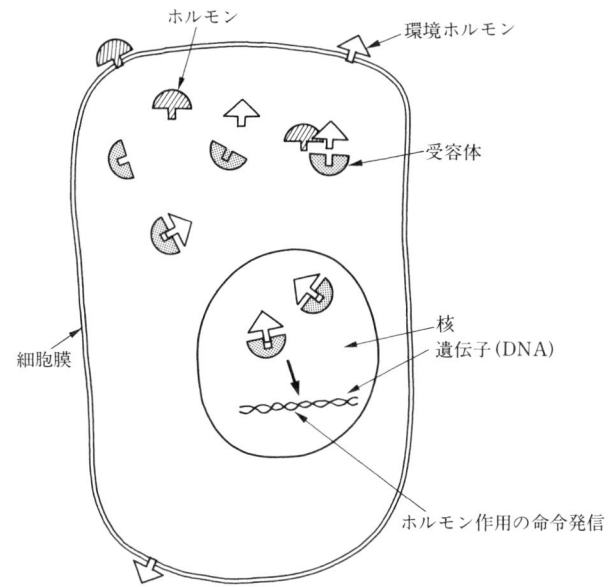

図1.5 化学物質のホルモン作用攪乱のメカニズム

見られる異常な子育て行動、生殖器官の形態異常、雛の高い衰弱性や奇形などは、性ホルモンが関与する生体反応に関わっており、過剰なエストロゲン（女性ホルモン）様作用を引き起こしていると考えると理解しやすい。性ホルモンの活動に敏感な時期は胎生期といわれており、親の体内に蓄積された環境内の人工化学物質が正常なホルモン作用を攪乱していると思われる。形態的に異常な野生生物の組織分析によって、DDT、農薬、絶縁材として広範囲に利用されたPCBs（ポリ塩化ビフェニール）などが体内の脂肪組織に蓄積されていることが明らかになった。

エストロゲンの化学構造は複雑な形をしているが、一般にはステロイド骨格と呼ばれている。ホルモン作用を攪乱する恐れのある化学物質の化学構造は必ずしもステロイド骨格ではないが、基本的には環状炭化水素の形をしており、あるいはベンゼン環と称される芳香核をもっている（図1.6）。これらの物質が、偽ホルモンとしてエストロゲン受容体と結合して正常な

第 1 章　地球環境の現況

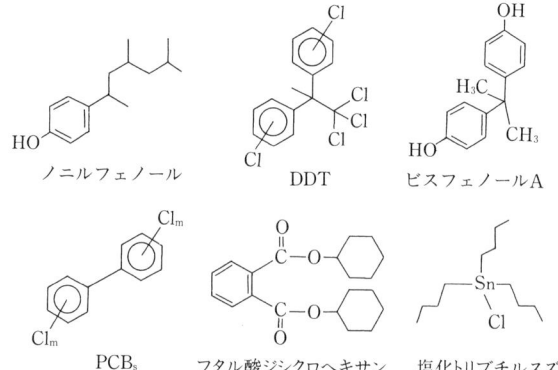

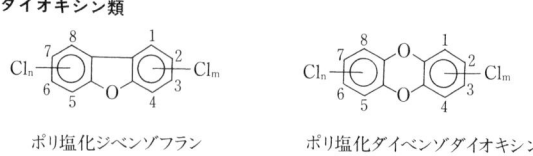

図1.6　エストロゲンおよび合成化学物質の化学構造

ホルモン作用を攪乱している。これは、生物が本物のホルモンと体外から入り込んだ化学構造の類似した化学物質とを区別し、受容体との結合を防

御する能力がないためと考えられている。

環境に放出された化学物質で被害を受けている野生生物は、食物連鎖の上位捕食者である。汚染物質は主として石油化学由来の物質であり、水に溶けず油に溶けやすい性質をもっている。そのため、取り込まれた化学物質は体外に排出されにくく、生物の脂肪組織に蓄積される。これを生物濃縮という。

『奪われし未来』によれば、オンタリオ湖におけるPCBsの生物濃縮は、動物プランクトンで500倍、それを摂取するアミでは4万5000倍、アミを餌にして成長する魚類では魚の大きさによって83万5000倍から200万倍、そして、湖の魚を摂取するセグロカモメ等鳥類の体内には2500万倍に達するといわれている。したがって、汚染物質の環境内濃度に比べて、生物の体内濃度は著しく高くなり、食物連鎖の上位捕食者になるにつれてその濃度は上昇する。人間はその頂点にいることから環境内汚染濃度が低いといっても安心できない。そのため、人間も内分泌攪乱物質に汚染される可能性は決して小さくなく、胎児や乳幼児にその危険性が大きい。ホルモンは人間のさまざまな生理作用に関与しており、生殖系に限らず免疫系や神経系に影響を受ける可能性がある。

最近ではさまざまな生活用品からホルモン作用を攪乱する可能性のある化学物質が検出されている。哺乳瓶のプラスチック部分や学校給食などで広く使われていた食器の素材であるポリカーボネートの原料であるビスフェノールA、界面活性剤や洗剤の原料、石油製品の酸化防止剤や腐食防止剤などに用いられているノニルフェノールもエストロゲン様作用を行い、子宮重量を増加させることが動物実験によって確かめられている。また、低用量経口避妊薬（ピル）の成分であるエチニール・エストラダイオールと子宮内膜症との関連が報告されている。

ホルモン作用を攪乱する恐れのある化学物質は150種類とも200種類ともいわれている。わが国では環境庁においてホルモン作用を攪乱すると疑われているノニルフェノール、トリブチルスズなど危険性の高い物質から順

第1章 地球環境の現況

表1.2 化学物質の動物実験によるエストロゲン様作用

化学物質	作　用	用　途
DES（合成エストロゲン）	生まれた女子に遅効性生殖器がんの定発生	流産・早産防止剤、妊婦の精神安定剤
	カメ、カエルの腹腔内投与実験で血中ビテロゲニンの増加	
エチニルエストラジオール	イギリスで雌雄同体の魚、下水処理場下流で4年間飼育した魚にビテロゲニンの発現	低用量ピルの成分
ノニルフェノール	イギリス・エアー川で雄のビテロゲニン濃度が産卵雌と同等の濃度、雄のニジマスの血漿中にビテロゲニンの発現と精巣の縮小	工業用洗剤の原料
	ニジマスの雄をノニルフェノール含有水で飼育すると、ビテロゲニンmRNA発現、ノニルフェノール含有の水で飼育したメダカに精巣卵の発現	
	多摩川のコイの調査で、雄の5割がビテロゲニンを発現、雄の30%は精巣の縮小、精子形成能の劣化	
ビスフェノールA	野生生物での報告はないが、動物実験によってラットの子宮細胞にエストロゲン作用、マウスでは出産個数の減少、精嚢腺重量の増加、精子の運動性能の低下が観察	ポリカーボネートやエポキシ樹脂の硬化剤、歯の充填剤や缶詰内部コーティング剤など
	カメの卵にPCBsを塗布すると雄の分化温度で雌への性転換発生	
フタル酸ジシクロヘキシル	ビトエストロゲン受容体との結合性ラット精巣の精細管に萎縮現象発見	プラスチックの可塑剤

次、動物実験や試験管試験による評価を行っている。現在、研究は進行中であるが、一部の物質については内分泌撹乱作用をもたらす可能性が高いことが報告されている（表1.2）。

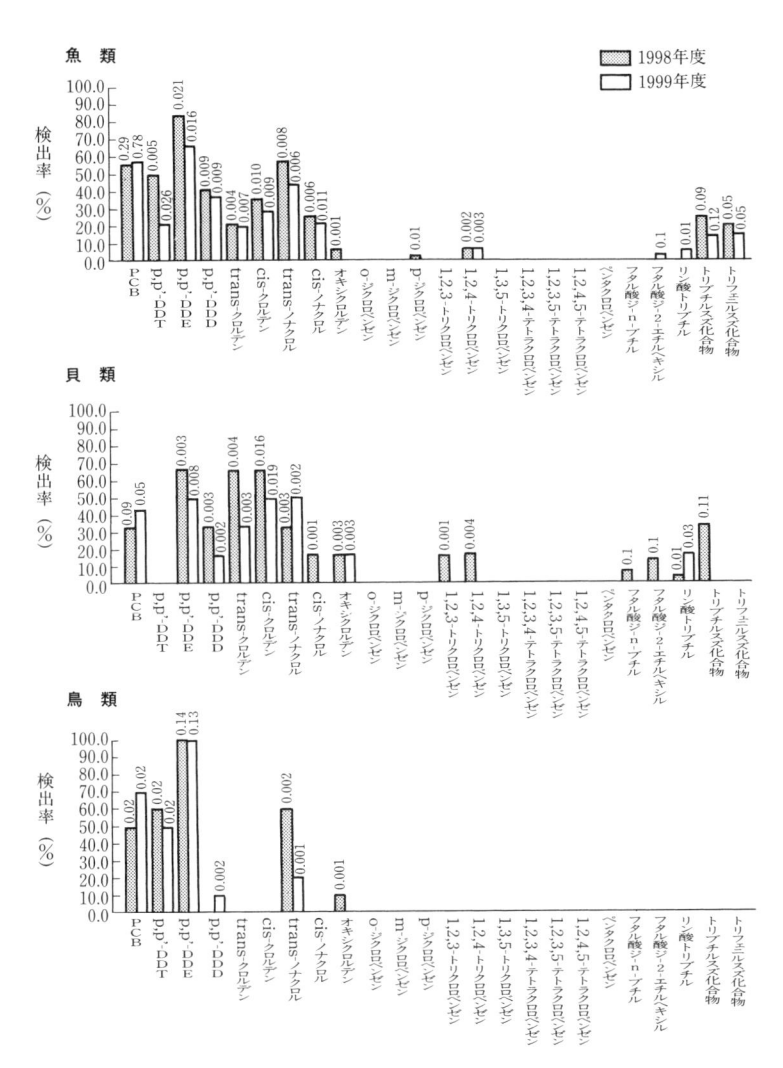

図1.7 ホルモン作用攪乱物質の生物モニタリング(『環境白書』平成13年度版より)
注:グラフ内数値は検出最高濃度(単位:μg/g・wet)

また、環境省は生態系の各生物種における化学物質の体内蓄積度を分析している。ホルモン作用を攪乱する恐れのある化学物質はそのほとんどが

第1章　地球環境の現況

環境内条件で安定で難分解性であり、かつ疎水性であるため、すでにその生産および使用が禁止されている物質であっても生物の体内に蓄積されていることを示している（図1.7）。

(b)　ダイオキシン

　ダイオキシンが世界的に注目されるようになったのは、ベトナム戦争後にベトナムで発生した乳幼児死亡や奇形児出産の多発はアメリカ軍がジャングルに散布した枯葉剤に含まれていたダイオキシンの影響であるとされてからである。ダイオキシンは化学合成の過程や廃棄物の燃焼によって生成する塩素を分子内に包含した物質であり、非意図的生成化学物質である。

　ダイオキシンは地球上で最強の毒性物質である。その急性毒性は、モルモットによるLD-50実験（実験動物の5割が死に至る薬物量）では体重1kg当たり$0.6\mu g$―TEQであり、その値は青酸化合物の1万倍といわれている。ダイオキシンは体内に入ると脂肪組織や肝臓に蓄積される。ダイオキシンの健康障害についてはいまだ明確ではないが、免疫障害、肝臓代謝障害等のほかに発がん性、催奇形性、生殖機能への影響などが指摘されている。赤毛ザルを用いたダイオキシン投与の実験で、ダイオキシンと子宮内膜症の関連が明らかにされており、また、マウスの実験から、ダイオキシンは精巣内に取り込まれ、精細胞内の栄養やホルモン分泌をつかさどる細胞に影響を与え、間接的に精子を死滅させると指摘している。

　ダイオキシンは油性であるため、人間の体内に入るとおもに脂肪組織に蓄積される。近年、母乳の脂肪分のダイオキシン濃度が高いことが知られており、また、胎盤を通して胎児がダイオキシンに汚染される可能性も高いことが指摘されている。

　ダイオキシンはポリ塩化ダイベンゾダイオキシン（PCDD）とポリ塩化ダイベンゾフラン（PCDF）をダイオキシン類と総称するが、同様な毒性を示すコプラナーポリ塩化ビフェニール（コプラナーPCB）があり、通常この3種をダイオキシン類と呼ぶ。

ダイオキシン類は安定で、分解されにくく、毒性が強いのできわめて厄介な物質である。ダイオキシン類は、置換した塩素の位置や数によって多数の同属体や異性体が存在し、毒性もまちまちであるが、最も強い毒性を示すのが2,3,7,8-TCDDである。ダイオキシン類の毒性評価としては、各ダイオキシンの2,3,7,8-TCDDの毒性を1とした毒性係数に実測した各ダイオキシンの濃度を乗じた数値の総数で表し、TEQで表示する。平成10年、WHOの専門家会議は、耐容1日摂取量（人が一生涯にわたって摂取しても健康に有害な影響が現れない1日当たりの摂取量：TDI）を4pg-TEQ/kg/日以下と設定した。1ピコグラムは1兆分の1グラムのことであるが、25m×50m、水深2mのプールおよそ400個分の水にダイオキシン1グラムを溶かした濃度であり、ダイオキシンの毒性の強さがうかがい知れる。

日本人の平均的ダイオキシン摂取量は、食事から2.0pg/kg/日、呼吸により大気から0.07pg/kg/日、土で汚れた手を口に含むなどして0.008pg/kg/日、合計約2.1pg/kg/日と推定されており、WHOの定めるTDI4pg/kg/日以下という基準値には入っている。日本人のダイオキシン類の体内取り込みは食事からが大部分を占めており、なかでも魚介類は食物連鎖によるダイオキシン類の蓄積が高く、ダイオキシン類摂取の60%は魚介類からとの報告がある。

ダイオキシンの生成メカニズムは明らかでないが、炭素、水素、酸素、塩素などの原子を含んでいる物質を300〜600℃で加熱する過程で発生するといわれている。これに最も適合するのが廃棄物焼却施設である。わが国で発生するダイオキシンの80%以上は廃棄物焼却炉からである。また、燃え殻や煤塵は高濃度のダイオキシンを含有している恐れがあるため、最終処分場での埋め立ては外部環境への流出を防ぐ細心の注意と手立てを施す必要がある。廃棄物焼却炉近辺の大気や土壌、あるいは地下水のダイオキシン濃度は他に比較してきわめて高いという調査結果が報告されており、住民運動に発展している。

ダイオキシンは安定な物質であるが、900℃前後の温度で分解するので、

第1章 地球環境の現況

学校や事業所あるいは家庭に設置されている小規模焼却炉や低温焼却炉の使用を禁止し、廃棄物の焼却は大規模で高温処理できる焼却炉に転換されている。家庭からゴミを出すとき、プラスチック類やビン、缶等の分別を徹底してゴミの減量化を図ることが大切であり、生活者の責務でもある。

1.2 人口増加と環境問題

現在、世界人口は約63億2千万人。世界人口は毎秒2.4人の割合で増加している。世界人口の増加率は1960年代から70年代初期まで2%を超えていたが、その後減少に転じて2000年の年間人口増加率は1.26%である。米国センサス局による人口推計によると、今後とも人口増加率は減少傾向で推移し、2050年には0.4%程度になるとしているが、同年の世界人口はおよそ91億人と推計している。世界の人口の増加は、社会、経済、政治、保健、環境など人間社会のあらゆる領域に深刻な問題を引き起こしている。果たしてこの地球は何人の人々を養うことができるのだろうか。人類の増加に見合う食糧やエネルギーは確保できるのか。このまま推移すれば、2050年の地球はおよそ91億人の人間を養わなくてはならなくなる。そのようなことが可能なのだろうか。

人類の数は、数千年の間わずかずつ増えているにすぎなかった。それは出生数と死亡数がほぼ均衡していたからである。1850年の推定世界人口は約12億5千万人であるといわれているが、それが倍増したのは100年後の1950年である。それがさらに倍増して約50億人に達したのは、わずか37年後の1987年である。1950年から1987年のわずかな期間に世界人口が劇的に増加した背景には、医薬の進歩と保健衛生の改善、並びに発展途上国の高出生率が続いたことが挙げられる。

人口増加と食糧問題

国連は、1人当たりの基準摂取量を2350カロリーと提唱している。しかし、世界銀行の1988年の調査によると、カロリー不足に悩んでいる飢餓人

口は世界人口のおよそ20%に達すると報告しており、実に5人に1人、現在の人口から換算すると12億人の人々が、人間として生活する上で困難な栄養飢餓状態におかれていることになる。

　国連食糧農業機関（FAO）は、1996～1998年の世界の農業生産に関する統計を発表している。それによると、農業生産指数は10年前と比べると19%増加している。農業生産種別に見ると、平均穀物生産量、平均根菜作物生産量および平均肉類生産量も10年前と比較するとそれぞれ17%、13%、46%と増加しており、特に肉類の増加率が高い。しかし、1人当たりの農業生産指数の伸びはわずか6%にすぎない。

　地球上の農地は約3600万haといわれており、総陸地のおよそ4分の1に相当する。約31%が耕作地であり、残りの69%は牧草地である。FAOと世界銀行の統計によると、1997年の農地総面積は10年前と比べてわずか1.4%しか増加しておらず、1000人当たりの耕地面積は1987年の297haから259haと12.8%減少している。人口1000人当たりの先進諸国と発展途上国での耕地面積はそれぞれ397haと215haと大きな差があり、発展途上国の耕地面積は先進諸国のおよそ54%にすぎない。

　具体的には、オセアニアの1972ha、北アメリカの744ha、ヨーロッパの427haに対して、アジアは147ha、中東と北アフリカで270ha、サハラ砂漠以南のアフリカは288haとなっている。これは発展途上地域と先進地域との人口の差に基づいており、発展途上地域の人口は約50億人で、先進地域の約13億人のおよそ3.9倍に達している。わが国が飽食の時代といわれているように先進地域の人々の食糧が十分に供給されているのに対し、発展途上地域の人々の多くが栄養失調状態にあるのは、経済的貧困に加えて過剰の人口に原因が求められる。

　過去には、農業生産技術は化学肥料や農薬の投入、灌漑や機械化の進展、新種の開発等で集約化が進み、単位面積当たりの収穫量は大幅に増加したが、一方で、化学肥料の投入や不適切な連作や輪作等によって土壌の劣化が進み、将来予想される地球環境の悪化に起因する砂漠化や海水の浸食等

による農地面積の縮小が予想される。農地の灌漑事業は穀物生産の増収に大きな寄与を果たしたが、一方で、浸食、塩害、アルカリ化などで1980年代には毎年約1000haの灌漑地が放棄されていると推定されている。しかしながら、農業は2050年の人口を91億人とすると、今後28億人の食糧を確保するという困難な問題を抱えていることになる。今後の人口の増加に値する食糧増産が達成できるかどうかは、痩せた土壌や乾燥地でも生育する耕作物や多収穫品種の開発など、遺伝子工学を駆使した新種の開発が不可欠である。

人口増加と環境悪化

国連環境計画（UNEP）は「地球環境概況3」を2002年6月に発表した。報告書の冒頭で、「1972年にストックホルムで開催された環境に関するはじめての国際会議である『国連人間環境会議』以来30年、環境保全のためにさまざまな決定がなされてきた。しかし、人間社会が抱えている貧困と過剰な消費は人間性が抱える双子の悪魔であり、それが環境に強い圧力を与えつづけている要因であり、依然として環境は悪化しつづけている」と記述している。貧困とは発展途上地域を、過剰な消費とは日本やアメリカ、西ヨーロッパなど工業先進地域を指していることはいうまでもない。

発展途上地域における人口の増加は食糧確保をより困難にし、必然的に農地拡大のため森林伐採を促進する。穀物生産のために灌漑事業が大規模に行われ、食糧増産に大きく寄与したが、その反面、地下水をはじめとして水不足に陥り、人々は水の確保のため大きなストレスに冒されている。煮炊きなど原初的なエネルギーを得るため、人々は植林した樹木までも伐採し、結果として砂漠化が拡大し、森林も消滅への道をたどることになる。

人口増加による自然への人口圧力は、自然の修復力をはるかに超えるスピードで環境を破壊している。1972年から2002年まで世界の人口は約22.2億人増加した。その多くは発展途上地域での増加である。そのため貧困は拡大しつづけている。発展途上地域の人々は食料確保のため、森林を伐採し、あるいは森林に火を入れて農地を拡大し、さらに輪作を重ねるなどし

て日々の食べ物を求めている。しかしながら、数億人の人々が飢餓状態に置かれているのが現状である。1985〜1995年の10年間における食糧生産の増加は人口増加を下回っている。今後とも、アジア、アフリカなど発展途上国の人口は、増加の速度が遅くなるとはいえ増えつづける。人間性が抱える双子の悪魔の一方である貧困の克服はきわめて悲観的といえる。

一方で、先進地域における人々の過剰な消費は経済状況と密接に関係しているが、経済、社会の動きは資源の持続可能な循環型社会を目指しており、教育水準も高く、環境破壊の要因や影響について理解されていることから、大量生産・大量消費を起因とする過剰消費は抑制の方向に進むと考えられる。

1.3 おわりに

太陽系第3惑星である地球が誕生したのはおよそ46億年前である。地球環境は生物の誕生を促し、生物は、現在まで苛酷な環境変化に絶滅することなく自らその姿を変えて進化を果たし、現在63億の人類と数百万種ともいわれる生物が生を営んでいる。生物はおのおの自ら好む環境条件の中で子孫を育み、他の生物と共生してきた。地球の誕生から今日までの期間を1日に置き換えると、人類の歴史はわずか1分にすぎない。人類が抱えている双子の悪魔によって地球環境はその本来の姿を失い、土壌、水系、大気、気象、そして生を営む多様な生物群が調和した空間である生態系が危機に瀕している。「地球環境概説3」によると、約24％の哺乳類と12％の鳥類が絶滅の危機に瀕していると考えられている。

すべての要因は人類の活動と人類の増加にある。現在、多くの企業は生産活動において環境保全を考慮せざるをえない状況にある。ISO14000シリーズに代表されるように、企業活動を展開するうえで環境保全の思想と行動が求められている。コルボーンの『奪われし未来』以後、化学物質の総点検作業が全地球的に取り組まれている。

第 1 章　地球環境の現況

　人口増加は地球環境に限りない負荷を与える。人々は日々の食料と豊かさを求めて都市に集中し、収容能力を超えた人口は、難民となって国境を越えて移動して、社会混乱や経済の衰退を引き起こす。人口増加の抑制は、適切な家族計画を全世界的に実施すること以外にないと思われるが、宗教や性差別等の問題が立ちはだかっている。人口増加は主として発展途上地域の問題であるが、これらの地域の教育水準は低く、特に女性の識字率は男性と比べて著しく低い。女性の識字率の向上によって出産数は減少する傾向にある。すべての女性に少なくとも初等教育程度の教育を受けさせることが重要である。これは、1994年カイロで開催された「世界人口開発会議」で採択された世界人口行動計画の行動目標である。

　私たち生活者にとって、地球規模の環境破壊といっても、それを身近に感じることはなかなかむずかしい。しかし、テレビを見ること、夏の暑い日にクーラーを使うことなど日常生活においてさまざまな家電製品を使用している。日本の電力の約50％は化石資源（石油、石炭、天然ガス）を燃やしてつくられている。電気を使用することは二酸化炭素を排出しているということである。また、分別しないで大量に家庭内ゴミを出すことも、ゴミ処理が焼却であることから二酸化炭素を排出していることになる。私たちは生活を営む中で、無意識に二酸化炭素を放出している。日常生活の中で石油や石炭を燃やしているのだという意識をもって生活することが大切である。私たちが住むことのできるのはこの地球以外にないのだから。

第2章　農業・林業と自然環境

秋山豊寛

2.1 自然環境と農林業

(1) 生命産業としての農林業

　農地を造成することを目的に実施されている諫早の干拓事業の現状を見ると、こうしたひどい自然破壊をしたあとに行われる農業が果たして生命産業といえるのかという疑問は当然出てくる。湿地や干潟の保存の重要性は、水の循環あるいは水鳥をはじめとする特有の動植物の生息地を確保するためにラムサール条約が結ばれ、世界的にも確認されている。このような湿地の典型を破壊し、農地を造成しようという行為は、その農地造成によって得られるトータルな利益と、湿地＝干潟の破壊によって失われる利益を、将来という時間軸も含めて十分検討しなければならない問題であり、諫早の場合は明らかに現代の知見から考えて不適切な行為である。

　林業についても、木材生産上の観点からの利益のみを考えて自然林を針葉樹の画一的人工林に変えてしまうことや、生物多様性に富む熱帯林の皆伐や、再生がむずかしいシベリアの北方林を当面の経済的利益のみを優先して伐採することは、現代の産業のあり方としては不適切であり、これまた生命産業とはいえない。

　農業あるいは林業が人類の生命維持に必要な産業であるから生命産業であるという捉え方は、たいへん狭いエゴイスティックな考え方であり、現代の世界的な共通認識とははずれたものである。確かに化学工業が発達する以前は、食料をはじめ木綿、麻など衣料の原材料、食器や住宅の原料となる木材、あるいは炭や薪などエネルギー原料を供給する農林業は、それなしには生命を維持するのはむずかしい人類の命のための産業だったし、現在もまた基本的にはそうした役割を果たしている。

　しかしながら、21世紀の現在までに人類が獲得した科学的知見は、当面の人類の利益のみを重視する考え方は、将来を含めた持続性という点で誤

っていることを示している。それは、地球の物質循環、生態系、持続可能性というさまざまな方向からの点検に耐え得ない発想でしかないからである。

　農業も林業も直接の生産物の消費という側面から見ると、植物あるいは動物の生命を奪うことによって成立する産業である。生物は一般的には他の生命を奪うことによって存在し、人類も生物存在としてその関係の一部を構成している。生物＝生命体の食う食われる関係は食物連鎖として捉えられ、大きく分けて緑色植物は生産者、動物など消費する側は微生物などとともに分解者と呼ばれる。この食物連鎖によって結ばれ、物質は有機物と無機物の相互変換として循環し、エネルギー変換が進行する。こうした生命のネットワークが生態系＝エコシステムである。

　この生態系＝エコシステムは、多様性に支えられている。相互に関連しているため共生系と捉えられることもある。農業による生産物も、林業による生産物も、この生態系から生み出されている。したがって、生態系をどのようなものとしてつくり出すのかが農林業の対応しなければならない課題である。

　農業が行われる場は農耕地である。森林なり沼地なり、あるいは草地には、もともと自然の生態系が存在する。こうした自然生態系を一度は破壊することで農耕地は出現する。そして、農耕地としての生態系をつくり出す。農耕地は、自然生態系に人の手を入れることであるということになる。

　問題は、人の手による開拓のあと、どこまで新しい生態系の持続性を維持できるかという点である。自然生態系は一定の条件の中で安定する。人の手の入った生態系は、人の手が入りつづけることで農業生産という目的が達成可能になる。生産したものがその地域から外にもち出されて活用されるため、もち出されるのと同じ量の物質が投入されない限り、その農耕地では物質の循環が成立せず、生産は維持できない。

　森林の場合は後で詳しく述べるが、自己施肥能力があるために、基本的には人為的な物質の投入はなされない。

第2章　農業・林業と自然環境

　地球環境との関係で農業が問題になるのは、その物質循環の歪みである。歪みは一部物質の過投入と収奪により発生する。また、生産物の生育の障害になるとして、農薬など基本的には生命活動を阻害し停止させる目的の物質が投入されることで、目的とする生物を含め農業生産に何の害も与えない生物まで消滅し、その結果、その地域＝農耕地を中心とする生態系は貧しいものになる。また、農耕地の使用に当たって、同一種類の作物が連続して生産される場合、これまた物質の循環に大きな歪みが生じる。植物は地上部において、光エネルギーにより二酸化炭素と水を原料とする光合成を行い、有機物を生産するが、その生産に当たり、地中の栄養素を根から吸収している。その養分の供給は土中に存在するさまざまな微生物によって助けられている。この土中の生物圏は連作によりバランスが崩れ、さまざまな病気の発生の原因となる。すなわち、合成化学物質である化学肥料や農薬の大量投入は、農地の生態系に大きな歪みを生じさせ、さらに市場向け作物の連作などは大地の生物圏を不安定にすることを含め、養分のアンバランスなど大地の農業生産の力を衰退させる。

　過投入は、地下水に達すると、生物の飲料としての水準に適さない水質悪化となって現れることがある。窒素分の過剰による汚染は、当初アメリカやヨーロッパで問題になったが、日本でも窒素による地下水の汚染は無視できないレベルに達しつつあるといわれる。

　森林の伐採による生態系の破壊は、熱帯多雨林などで問題になっているが、農業・林業ともに生態系の維持が人類存在の持続性と固く結びついているという認識は、現在世界で共有されている。

　農林業は、こうした生態系に対する深い理解と知識を、それに従事する人々、そして農林業の世界に関わる人々に求めており、それなしには真の意味での生命産業と呼ぶことはむずかしい。

(2)　生態系としての地球

　太陽系第3惑星、つまり地球は奇跡の星ともいわれている。生命が存在

する星であるからだ。これまでのところ、大宇宙に地球という星のほかには、生命体の存在、あるいは生命が存在したことの痕跡を印した証拠は発見されていない。

　もちろん論理的な可能性としては、地球と同じような条件を備えた星の存在は考えられる。光の速度で旅をして何十年、何百年先の遠い彼方に、別の地球が存在する可能性は否定できない。しかし、それは可能性の世界である。現実に存在する生命のある星は地球だけである。46億年と推定される地球の歴史の中で、およそ30数億年前に生命は水中で誕生したといわれている。このうち、植物になった生命体が酸素を大量に長い期間かかって放出した結果、その一部はオゾン層になり、有害な紫外線をさえぎり、生物の陸上への進出を可能にした。生命の進化の過程で、植物は陸上生物が存在するための大きな役割を果たしたわけである。植物は、地球の物質循環の要としての役割をこのあとも地球の歴史の中でずっと果たしてきている。人を含め、生物にとって、水と大気はかけがえのない物質である。植物はさまざまな元素、特に窒素、水素、酸素、炭素といった基本的物質の循環に大きく関わっている。

　地球の生物圏のエネルギーは、太陽から放射される光エネルギーが源である。太陽からのエネルギーは、大気・海洋の大循環の原動力でもある。ヒトの視覚に関わる可視光線と植物の光合成に必要な太陽放射の波長は、ほぼ同じである。生物の活動の原動力でもある光エネルギーは、物質の循環ではまず植物の光合成による有機物の生産で使われる。生物圏での循環は、先に述べた食う食われる関係、食物連鎖という形をとり、消費者と生産者の役割を通じて展開するわけである。

　ここで、地球表面をざっと見わたしてみよう。地球は直径およそ1万3000km、表面積およそ510億haといわれている。そのうち29％は陸で、海は71％。1995年現在で陸の29％が森林であるが、毎年、日本の面積の1.5倍に等しい森林が消えており、今後も森林の占める割合は減りつづけるものと見られる。サバンナと呼ばれる乾燥しやすい草原も含めて草地は20％

前後、生物層が比較的少ない砂漠も含め、荒地と見られる地域がおよそ35％、そして農耕地が10％前後、都市と呼ばれる人口密集地は、実は広がっているといっても地球表面の1％以下といわれている。世界の人口は、2001年『人口白書』では60億7000万と推定されているが、その半分以上が地球表面の1％以下の都市部に暮らしている。

　農業と林業に関わる面積を合わせると、陸地表面のおよそ39％を占めている。物質の循環から見ると、海の果たしている役割は重要である。水の循環で見れば、蒸散によって大気に放出される水の量は陸から放出される量よりはるかに大きく、また割合も大きいものである。地球物理学的には水についての海の役割は圧倒的であるが、地域的な気象条件にとって、森林の役割も重要である。森は蒸散作用によってその地域の大気に水を供給している。降雨との関係では特に重要である。森のあるところには雲ができる。蒸発散作用による地表面の高熱化防止の役割も含めて、森林は貴重な役割を果たしている。このほか森林は、二酸化炭素の吸収と酸素の放出をしている。炭素は木材となって固定される。森林土壌を含め、樹木そのものなど森林生態系の炭素貯留の役割も重要である。

　国連食糧農業機関（FAO）がまとめた『世界森林白書1999年』によると、世界の森林面積は1995年現在でおよそ34億5000万ha。毎年少しずつ減っており、1990年から5年間に減った面積は6500万ha。日本やヨーロッパなどいわゆる先進国に分類される地域ではわずかに増えているものの、主として熱帯地域を含めた開発途上国では消えていく森林の方が圧倒的に多いのである。

　農耕地への転用が消失理由の中心といわれるが、薪炭材の過剰採取を原因とする荒地化による消失も少なくないと見られている。実際、『森林白書』では世界の木材消費の50％が薪炭用だとしている。

　開発途上国での農耕地転用のための森林伐採の理由には、先進国への食糧供給を目的とする場合もあり、途上国だけの責任ではない。ブラジルで多雨林が破壊されたあと、大規模な大豆畑、トウキビ畑、あるいは畜産用

の牧場となっている。こうした場合の転用は、自然生態系にかわって豊かな農耕地生態系がつくり出されるというよりも、先進国の大規模農業が対応しているような機械化と化学物質の大量使用が伴うので、地力が早く失われる場合が少なくない。畜産による過放牧も生態系破壊に拍車をかけているといわれている。アメリカなどで使われるファーストフードの原料の牛肉が、南米にあるこうした熱帯林の農耕地・牧場への転用を前提とした畜産業によって供給されているとして環境団体からの批判もある。何よりも途上国での土地所有のかたちに問題があるといわれる。大土地所有と、そこへの当事国政府の援助が先進国からの開発投資の手法とあいまって、自給的中小農民の小作化、さらには農村の貧困層の都市への流出を生み出している。その一方、都市貧困層の森林地区への移住による農地開拓も行なわれ、これが急速な森林破壊につながっている。これは途上国での自然な人口増加が原因というよりも開発の手法に問題があるためである。

　自然生態系が比較的安定した状態にある森林は、その地域の循環に役立つかたちで存在しているだけではなく、物質循環としては河川を通じて、海にもつながっている。

　森林の海への貢献は、汽水域や大陸棚という陸に近い海域での海産物の生産量が大きいことでも明らかである。

　森が海を育てるということから、漁師の人々が日本各地で植林、特に広葉樹の植樹をしていることが報じられているが、これも森と川と海の役割を海に生きる人々が知りはじめたからである。

　河川を通じて海ともつながっているという点では、森林ばかりか農耕地も同じである。これは、除草剤などに含まれるいわゆる環境ホルモンといわれる内分泌攪乱物質が海洋生物にも影響を与えていることや、DDTなどの殺虫剤やPCBが北極にすむシロクマなどの生物の脂肪から検出されている事実からも知られている。

　こうした陸上からの合成化学物質による影響は、合成化学物質に依存した農業が主流になったここ数十年であり、地球の歴史から見ればたいへん

短い期間のことである。

　過去の文明のあとを調査すれば、中近東、中東、アフリカ北部のサヘル地帯、あるいは地中海周辺など、かつて大森林地帯あるいは灌漑農法による穀倉地帯といわれていた地域が砂漠化、あるいは荒地化していることがわかる。その原因は、気候変動もその要素だったとしても、その変動に対する脆弱性を高くしたのが生態系への理解を欠いた収奪的な土地利用だった可能性は十分ある。繁殖力に優れたヒトという大型哺乳類が過去に学ぶ知的能力を備えた生物であるならば、現在の暮らしのあり方が地球という生命圏を滅びに向かわせるのではなく、より豊かにする暮らしのあり方を見つけ出すことは可能である。

（3）　持続可能な農林業へ

　農業や林業のあり方が地球の自然環境との関連で問題にされるようになったのは、地球資源の持続可能性と自然生態系の重要性が、環境保護団体の指摘などで一般の人々にも理解されはじめたからである。

　持続可能性とは、将来の世代の必要性を満たす生産能力を壊したり脅かすことなしに、現在の世代の必要性を満たすように資源を活用することとされている。一定地域や一部の人の満足のためだけに資源が使われることに問題があることは、平等性という点で現在でもいえることだが、持続可能性となった場合、これは未来世代との関係という時間軸をとり入れて現在世代の責任を問うことになる。

　日本やアジアで広く行われてきた水田稲作は、トンボやカエルのような生物種に好ましい環境を、自然に人の手を入れることで長い時間をかけてつくり出してきた。鳥たちにとっても、エサ場として好ましい環境を提供していた。ヨーロッパなどでも、牧草地や湿地、生垣といった農耕地と一体になった地域に、植物や動物の多様性を保護する環境を、それなりに生み出していた。自然とのバランスが微妙な灌漑農業にしても、人の手によって、その微妙なバランスが保たれることでその機能が維持されている。

しかし、こうした循環のバランスには、生物層の多様性が全体として必要である。その多様性によって保たれているバランスは、多様性が喪失されると、人間の手を超える事態への対応をむずかしくする。特に人がコントロールできない天候、気候変化への脆弱性を高める。

工業の発達に伴う都市の拡大という消費急増は食糧供給要求を増大し、市場における大量販売を前提とした合理化が食糧生産面でも求められ、機械化と合成化学物質の大量使用が始まった。農業生産も、農耕地と地域との結びつきに基づく物質循環を前提とした地力を養うことを第一とする持続性という面よりも、とりあえず投入した資材に対してどのくらいの収穫になるのか、利益を上げられるのかという生産性が重要な要素とされるようになった。

こうした化学物質に依存する農業に対して多くの人々が危惧を抱くようになったのは、1960年代になってからである。工業生産に伴う公害が社会問題になりはじめていた時期でもあった。中でも、アメリカの海洋学者レイチェル・カーソン氏が殺虫剤として有名なDDTが及ぼす自然界への破壊的効果を告発した『沈黙の春』は、その影響力、問題意識からいって突出している。日本でもこの時期、有吉佐和子氏の『複合汚染』が日本の農産物、農業のあり方について警告を発していた。

アメリカやヨーロッパで同じ時期に問題とされたのは、大量の化学肥料使用と家畜の糞尿が地下に浸透して起こる地下水汚染だった。

それまで科学技術の成果としてもてはやされて誕生し活用された合成化学物質の大地への大量使用が、残留農薬など人間の食を通じて健康にも害を及ぼすという事実は人々にショックを与え、政治を動かす力になった。

残留農薬、有機リン剤といった言葉がおぞましいものとして一般の人々にも理解されはじめ、その時代には特殊な農業と考えられていた伝統的農法の考え方を基本にした有機農業が、自然と共生する農業の見本として見直されはじめることになる。

消費者の声が政治に反映されると法律として生産者を規制する。農業の

世界は、直接にたずさわる農家のほか、農機具メーカー、肥料メーカー、農薬メーカー、そしてその開発にたずさわる多くの研究者、学者、農村の販売業者、関連組織、国や地域の役人が一体となった「業界」を構成している。こうした組織された「業界」に対して、組織されていない都市の消費者の声は政治に届きがたいが、それでも選挙での都市住民の力が無視できないほどに大きくなれば、政治家たちも、こうした消費者の安全な食料を求める声をまったく無視することはむずかしくなる。

　1972年の国連人間環境会議は、工業生産が人間の安全を脅かすいわゆる公害問題を含め、地球規模の環境問題を討議するため開かれ、日本からは、工場から排出された有害物質によって人間の健康が破壊された典型ともいわれる水俣病の人々が参加し、日本の公害の現状が世界に衝撃を与えた。

　農業そのものの地球環境に与えるさまざまな問題が政治の場に解決すべき課題として登場したのは1980年代になってからである。ECでは、1985年の共通農業政策の討議の場で、ほかの問題とともにではあるが、農業のあり方が環境を破壊しているとして対応が協議された。

　アメリカでは、食の安全、国民の健康という視点から、1970年代後半のカーター政権のころから、有機農業や、農薬など有害物質の使用をひかえる低投入持続型農業についての研究が公的機関でも行われるようになり、1985年の農業法では、農業による地下水汚染の問題が取り締まりの対象にされるようになっていた。

　1980年代の後半になると、国際機関や各国政府レベルでは、はっきりと農業のあり方が環境に悪影響を及ぼしていると確認されるようになった。食糧の増産を目的に設立されたFAO＝国連食糧農業機関でさえ1987年に出した報告書で、環境保全との調和を指向した農業生産をしないと持続性や環境保全に大きな問題が生じるという認識を示している。食糧の増産最優先から環境重視へと姿勢を転換させたわけである。

　こうした中で、各国政府が農業についても打ち出した基本理念が「持続可能性」という言葉に集約される考え方だった。

2.1 自然環境と農林業

　持続可能性は資源に関わって問題とされることが多いが、人間の存在自体、つまり健康な生命体としての持続可能性も含まれてよいはずである。農薬などの人間への影響は、毒物であることによる使用上の注意の問題のほか、残留農薬のレベルの問題として許容範囲なるものを定めた「リスク」評価が一般的であるが、長期かつ複合的な生殖機能や神経系、あるいは発がん性といった影響はわかっていない。したがって、こうした問題について「予防原則」という考え方も必要になっている。予防原則は「環境や人間の健康に危害をもたらすおそれのある活動に対しては、一部の因果関係が科学的に完全に確立されていなくとも、予防措置が講じられるべき」という考え方に基づいている。

　日本では、1971年に設立された民間の有機農業研究会が早くから日本の農業の問題点を指摘してきたが、日本政府が農林水産省に有機農業対策室を設置して、初めて有機農業の存在を公に認めたのは1989年になってからである。その後、日本政府も環境保全型農業の推進を言いはじめているが、これも、1992年ブラジルで開かれた国連環境開発会議での世界的な動きに対応するためであった。

　国連環境開発会議は20世紀最大の国際会議といわれるが、この会議の基本テーマは「持続可能性」だった。ここでは、生物多様性の問題と関連して、森林のあり方についても総合的な対策が問われ、この中で林業についても生態系に基づく「持続可能な管理」という理念に集約される森林原則がまとめられた。

　農業も林業も「持続可能性」「サステナビリティ」という、次の世代を念頭に置いた地球的視野で考えることが基本理念とされたわけである。

2.2　21世紀の農業・林業政策

(1)　自給の重要性

　持続可能性の維持を基本的な理念とする農業・林業のあり方を考える場合、生物多様性を損なわずに循環をどう具体的に実現するかがテーマになる。

　農業の場合、生産物として持ち出された栄養・養分を大地に戻してやれば、土地そのものの収支は合う。しかし、全体の収支はそう簡単ではない。生産に関わった労働力やさまざまなエネルギー、さらには消費者に届けるために使われたエネルギーや資材という、より大きな「収支」を念頭に置いて理解しようとすると、問題はかなり複雑になる。

　さらに地球全体での循環と持続性という視点から考えると、たとえば、生産物そのものが有機無農薬で、地力を豊かにして、使われる資材も自分で飼う家畜の糞尿の利用というように地域としては循環型で、しかも「安全」な食品だったとしても、それが飛行機で外国から運ばれるようだと、果たして全体のエネルギー収支の点で持続性のある食物といえるのだろうかということになる。

　現在、大都市の食糧品店、食品売場には、安全という食べものとしては当然のことをあえて強調した外国産の「有機食品」が並んでいるのを見かける。アメリカのオレゴン州の有機農産物基準をクリアーした中国産の野菜を日本の業者が現地で冷凍したパック詰めの食品がある。

　確かに「安全」で「安心」のように見える。しかし、冷凍するために使われたエネルギー、パックして航空機あるいは船舶・トラックで運ぶために使われたエネルギーは、持続可能性という理念に照らした場合、どうなのか。循環の問題は、それが消費者に届くまでのエネルギー収支も含まれるはずだからだ。

フードマイルズという言葉がある。これは、食糧が生産された現場から消費者に届くまでの輸送距離と輸送手段について、どのぐらい汚染物質が排出されるか、という視点が盛り込まれた考え方で、イギリスの環境団体が使いはじめた概念といわれる。

この考え方からすれば、自分の農地から集めた材料や糞尿で肥料を準備し、農作物を自分でつくって食べるのが持続可能性としては高いということになる。自分でつくっていない場合は、歩いて行ける距離の循環型有機農業の生産者から分けてもらうのが次善ということになる。

ものごとはあまり単純化しない方がよいのだが、考え方の原理としては、このフードマイルズの視点は農業における持続性から考えて重要なポイントであることは間違いない。

食糧という人類の生存に関わる生産物については、安全とともに安心の要素がついてまわる。こうした場合の安心というのは、足りない、あるいは不足するという不安がないことがその要素として含まれる。また、必要とされるものが満たされるということも含まれる。安全が客観的な基準によって保証されるとしても、安心はたいへん主観的な要素が強いものである。

こうした点を消費者の立場で考えると、安定的に供給されるということは安心の条件の一つである。「いざという時には大丈夫なのか」という言い方もある。いざという時を農産物の場合で考えると、穀物など基本的食糧が入手できない状態である。原因は、天災などで生産が十分でない場合もあるし、国際関係の中で輸入ができない場合もある。こうしたことへの対応は、全体として「食糧安全保障」という表現で捉えられている。

自給は、個人が自分のために生産する自給自足というたいへん小さな単位から、地域の自給、そして国単位の自給まで、それぞれのレベルでの自給があるが、これはすべて農業が存在することが前提である。ここで改めて農業の役割が問い直されることになるが、それは、地域に農業が存在することの意味は何かということである。

現在の農業の直接的目的は食糧の生産とされているから、これは市場での取引きの評価として表れる。食糧以外に木綿、綿や麻あるいは花などの植物も確かに農産物であり、これも市場での取引きで評価される。しかし、これだけを、つまり市場で取引きされる価値だけを農業が産み出しているのかといえば、決してそうではない。市場とは関係ない価値も農業は少なからず、その行為の結果、あるいはその行為そのものによって産み出している。これは、それが失われることで実感されることが少なくない。

　たとえば、日本の水田のことを考えてみる。都市近郊で田圃が宅地になる。その結果、周辺地域の地下水系が消えてしまう、あるいは変化してしまうことは少なからずある。これは、水田の存在が地下水系という地域の水循環を維持する点でたいへん重要な存在であったことを示している。あるいは、田圃の存在が地域の温度調節、つまり、水田からの蒸発散作用によって局地的に高温になることを防止していることもある。

　この機能は、そのこと自体を目的にしたものではないが、存在すること自体の影響であり、こうしたことは農業の保水機能とも表現される。

　もちろん、こうした田圃に大量の農薬や化学肥料を使えば地下水汚染の原因になるが、そうではない持続可能性の理念に基づく農業が行われていれば、逆に、まっとうな農耕地生態系がつくり出され、トンボやカエルの多い農耕地として豊かな生態系を産み出すことになる。これは心地よい景観としての価値もあるわけである。ほかにもトンボやカエルの多い水田は、地域の生活環境に貢献している。たとえば、蚊の大量発生がある場所は、たいてい、蚊の天敵がいない環境であることを考えてみればわかる。コンクリートとアスファルトが主流の都市を離れ、農村の緑の多い場所を見ると、心が安らぐことがあるはずだ。こうした景観もやはり農業が存在すること自体から結果として生じる価値である。こうした、市場でお金に換算されないさまざまな価値全体は「農業の多面的機能」という言葉で表現されることがある。

　こうした価値を考えると、自給の意味がもう少しはっきり見えてくる。

農と自然の研究所の宇根豊氏のように「アメリカの米にはトンボがついてこない」という表現をする人もいる。私たちにとっての農業の価値、意味は、決して食料品の供給に限定されるわけではないということである。

この「多面的機能」という視点は、日本がWTO＝世界貿易機構など国際的な農業交渉をする上での議論の中心にすえているものだ。農産物輸出国の中には、こうした視点に対して否定的な考えもあるが、EUは基本的には同調しており、今後のWTO交渉ではさらに議論が深められるものと見られている。

(2) 持続可能な森林づくり

21世紀の林業は、国際的にも国内的にも1992年の国連環境開発会議で採択された「森林を生態系として捉え、持続可能な管理（マネージメント）を行う」という理念を基本とする森林原則声明に沿って展開されることになっている。

これは、森林について、木材資源の生産の場という市場価値を優先させる視点から、生態系としてさまざまな機能・役割を提供する場として持続可能な管理をすることへと認識を大きく転換することを林業に求めたものである。

森林には、市場価値をもつ木材生産という機能のほか、生態系＝エコシステムとして、土壌保全、水保全、大気浄化、蒸発散による大気の温度調節、森林から人間が得る文化的・精神的刺激、生物多様性など、さまざまな機能がある。農業における「多面的機能」以上の役割を果たしている。

森林の管理や木材生産については、その後、1994年に熱帯林に関わる国際熱帯木材協定が作成された。日本やアメリカなどが参加して温寒帯林についてもモントリオールプロセスの話し合いが進み、1995年には、温寒帯林の管理基準についてのサンティアゴ宣言が採択された。

森林原則の基本理念に関わる生態系管理、つまりエコシステム・マネージメントについて、この原則声明作成に関わった藤森隆郎氏は「森林の多

様な機能への社会・経済・文化的ニーズに対して、森林生態系に関する科学的知識をもって応えていく持続的な森林管理技術」と整理している。

生態系としての持続性という点では、自然林が安定している。森林の物質循環面での安定性は自己施肥能力があるためだが、その仕組みは次のようなものと考えられている。植物は、一般的に葉の部分などで二酸化炭素と水を原料にし、太陽エネルギーによる光合成を行い、無機物を糖という有機物に換え、さらに、根から吸収した窒素分やミネラルなど微量要素を化合させてさまざまな有機物を生産する。こうした生産活動をした葉や根の部分は、一定期間を過ぎると枯れて林地に供給される。供給された有機物はやがて分解され無機物に戻り、これが再び根から吸収されるという循環がつくられる。

日本の場合、2000年10月に、それまでの産業政策的な視点に基づく林業振興から「多面的機能」の持続的発揮へと基本政策が転換されたことに伴い、自然林は基本的には手をつけないという考え方であるが、ポイントは、人工林への施業技術、育林方式をどう変えるのかにある。あるいは自然林にしても、伐採など木材収穫をするにあたり、生物の多様性を含め水土保全など他の機能を損なわない手法の導入が必要になる。

人工林の育成は、北米の太平洋側などでは気象条件・地形などからたいへん手のかからない、あるいは手をかけないですむ条件が整っているが、日本では、人工林の多くは下刈りや間伐など、人の手を多く必要とする。林業としては、日本はそのあたりの自然条件としての限界をふまえた上での科学的施業が求められるわけである。

生物多様性を充実させる意味では、人工林を自然林化する際に地形に合った森林の配置という管理の視点は重要である。老齢林は、さまざまな機能の点で条件が整っている。森林生物にとってのハビタットやニッチに富んでいるわけである。こうした地域は、水土保全機能もまた比較的優れている。

日本では拡大造林といって、広葉樹を切るかわりに杉やヒノキ、あるい

はカラマツなど針葉樹の造林が大規模に進められ、その結果、伐採条件のよくない土地にまで造林が実施されることもあった。しかし、山村地域で山仕事を支えていた人々あるいはその後継者と見なされた人々が、その後、大量に都市に移り住み、手入れを前提とした造林のシステムは事実上崩壊した。山林の管理については人手不足が常態化している。このため、否応なく人工林の自然林化が必要になっている。しかしながら森林の公益的機能が見直されている状況では、林業に従事する人々はますます重要になりつつある。山間地で人々が山と関わって暮らしている事実そのものの重要度は高まっている。農業と同じく、そこに暮らして仕事をする人々が存在することが重要になる。

　林業にも、農業における自給と同じような視点が必要である。木材についても、食糧と同じように、運搬距離や方法についても考慮するフードマイルズならぬウッドマイルズの考え方を消費者である都市住民は取り入れる必要がある。実際、地元材で家を建てる運動も始まっている。

　森林の炭素固定能力・機能に関連し、木材や森林内土壌が重要な役割を果たしているという認識が広まるにつれ、地球温暖化対策としての植林が話題になってきている。しかしながら、この考え方には問題がある。

　植林を化石燃料大量消費の免罪符のように使うのは本末転倒である。求められているのは、過剰な化石燃料消費の抑制である。現状をそのままにすることを前提として処理方法だけを考えようとすることは、持続可能性から見て妥当とはいえない。

　森林に対する理念が世界的に共通になり、日本でも人工林の自然林化を含めた対応が求められる時代である。農業と同じように、市場での価値に限らない森林の価値を私たちがどう捉え、どう評価するのかという課題が問われている。同時に、森林に直接関わる人々には伐採の技術面での変換なども求められている。森林関係者自身が生態系の知識・情報を集積することは、その管理技術をつくり上げるうえでも特に必要なことである。

(3) 農林業に関わる基本的視点

　農業・林業とともに地球環境をどうするのかという視点からその役割・機能を考えると、決して食糧供給・木材市場で価値を追求することだけでなく、地球環境を修復するうえでの役割をどう実現するかが重要であることが見えてくる。生き生きとした豊かな生態系をつくり出し、私たち人間の暮らしばかりか、その生態系に含まれる生物層はもちろん、周辺の自然生態系の生物層をも含む生物圏を豊かにし、物質の循環でも持続性をもつ、地球環境に大いに貢献できる産業として農林業は存在しうるということでもある。

　21世紀の地球は、資源に限界があるという認識に基づくさまざまな判断から、物の消費を経済発展の基礎に置くのではないかたちの豊かさが求められている。特に、開発途上国の30倍から50倍の資源を使い、その分、地球を汚染している先進国の生活のあり方、ライフスタイルは、大いに変更が迫られねばならない。

　食糧についても、世界に飢餓があるといっても生産量が足りないための飢餓ではなく、生産された穀物、あるいは食品の分配面での不平等が原因であることを考えねばならない。

　日本の農業の方向性については、1999年7月に、これまでの「農業基本法」にかわるものとして「食料・農業・農村基本法」が制定された。この法律は、基本理念として食料の安定供給と並んで「多面的機能の発揮」を掲げている。これは、「国土の保全・良好な景観の形成・文化の伝承など、農村で農業生産活動が行われることによって生ずる食料、その他農産物の供給機能以外の多面にわたる機能」であるとしている。

　日本の農村の多くが中山間地と呼ばれる地域も含め、森林との関わりが深いという事実もあわせ考えると、ここでいわれる「多面的機能」は、森林と一体となって発揮されるものである。したがって、多面的機能は農業と林業を分けるのではなく、農林業として捉えることが現実的である。

農村にとって、農耕地と森林は暮らしの場としては一体だからこそ「里山」が成立し、その一体性が欠けたために里山が荒れたわけである。里山は人の手が入りつづけることによって成立していた生態系である。あるいは、文化の伝承といっても森林抜きには成立しない。

つまり「多面的機能」としていわれていることは、森林の役割・機能と農業が一体となって成立している事柄である。また、この法律の理念からは、なぜか「生態系」、エコシステムという視点が見えてこない。この法律に描かれた農村風景からは、依然として、森林と切り離された農家、大区画の水田を走るクーラー付のトラクター、狭い厩舎に並ぶウシやブタ、ケージ飼いのニワトリ、農薬で葉が白くなったリンゴ園、一匹のチョウの姿が見えないキャベツ畑、こぼれた家畜飼料を食べるカラスなどの姿しか見えてこない。そして、畑の虫をついばむセキレイや梅の花を食べる小鳥たち、水田の稲穂のクモの巣や赤トンボ、オタマジャクシやメダカやイモリは見えてこない。

ようやく市場での価値のみでは評価できない存在への認識へ一歩を踏み込んでいるように見えても、生態系の創造という理念が欠けた風景である。したがって、農業の現場の人々にとって「多面的機能」とやらは、自らつくり出す目標にはなりがたく、どう「発揮」すればよいかわからない「遠い存在にしかなっていない」という声があがるのも当然である。

農村を森林と農耕地が一体となったものという視点に即した目標が必要である。さらに、森林が河川を通じて海を豊かにしているという生物圏の構造を理解すれば、農林業の存在、すなわち農林業に従事する人々の重要性はきわめて大きい。森林の多い地域については、農産物は自給目的、森林の維持管理と、それに付随する木材生産によって暮らしが成立するシステムをつくること、また、兼業農家も含め、地域自給のネットワークに食料を供給することで成立する農家経営、そして、生産される食料が消費者に信頼され、安全と安心が持続する方向を目指すためには、生態系に富む地域づくりの視点が欠かせないのである。

第3章　生活環境と健康

伊藤　隆（3.1）
江口文陽（3.2(1)〜(5)）
上津奈保子（3.2(6)〜(9)）
久能木利武（3.3）

第3章　生活環境と健康

3.1　現代の健康問題

(1)　アレルギー

アレルギーとは

　古代エジプトの王メネスの墓で発見されたヒエログリフには、王が当時知られていた世界の果ての島国へ遠征した折、浜辺で蜂に刺されて死亡した記述がある。虫刺されによるアナフィラキシーは、現在では、IgE(注1)を介するアレルギー反応として認識されているが、紀元前2400年の人々にはその機序を知るよしもなかった。

　1902年にRichetとPortierによってアレルギー反応に科学的なメスが入れられた。少量のイソギンチャク毒素をイヌに注射し、生き残ったイヌに再び少量の毒素を注射したところ、すべてショック症状を呈して即死した。当時としては、最初の毒素の投与により免疫が獲得され、2度目の投与に対して抵抗性が生じるものと考えられたので、Richetはこの現象を免疫とは正反対の現象と捉え、anaphylaxis（ana-：反対、phylaxis：防衛）と名づけた。

　1906年に、Pirquetは、ジフテリア抗毒素の注射によって、喘息や蕁麻疹、血清病といった好ましくない反応が副産物としてもたらされるという観察をもとに、生体が外来性の物質と接触したときに"変化"した反応能力を示すようになることがこれらの病態に共通した現象であると考え、allergy（allos：変わった、ergos：力、働き）と呼ぶことを提唱した。免疫とアナフィラキシーは一面から見れば正反対であるが、本質的には同一のものであるという考え方である。現在では、allergyは生体に有害な免疫反応のみを指すようになってきており、過敏症（hypersensitivity）と同義である。

　その後、1950年代にCoombsとGellは、アレルギーをその反応の出現す

る時間的経過や症状から四つに分類した。

　　Ⅰ型（アナフィラキシー型）
　　Ⅱ型（細胞障害型）
　　Ⅲ型（免疫複合体）
　　Ⅳ型（遅延型アレルギー反応）

である。後に免疫学研究の進展とともに、このⅠ型～Ⅳ型の分類はそれぞれに特徴的な免疫反応を象徴していることが裏づけられ、現在でも免疫反応の基本概念として受け入れられている。このうち、反応が遅い即時型過敏症で、おおむねⅠ型アレルギー反応によると考えられてきた疾患群を、いわゆる（狭義の）アレルギー疾患と呼ぶことが多い。代表的なアレルギー疾患には、気管支喘息、アトピー性皮膚炎、アレルギー性結膜炎、アレルギー性鼻炎、花粉症、蕁麻疹、食物アレルギーといった病気が挙げられる[1]。

アレルギー性疾患の原因と予防

　アトピー性皮膚炎は小児によく見られ、アレルゲン(注2)としては、食物中の卵白、牛乳、大豆油などやほこり中のダニなどが多い。アレルゲンが特定の食品である場合には、食物などから除くことが発症を抑えるために大切である。気管支喘息、アレルギー性鼻炎、花粉症は抗原を吸入することで発症する。気管支喘息にはハウスダストが原因と考えられることが多いが、心理的な因子の作用もある。

　また、気管支喘息は、アレルギー体質がある上に、大気汚染などの多くの要因が関与して発症する。アレルギー性鼻炎の原因物質には、ほこり、花粉、羽毛、動物の毛、食物、薬物などがある。花粉症は春先によく見られるスギ花粉の吸入で誘発される。特に花粉症は多くの年齢層に発症し、流行の広がりはその年のスギ花粉の飛散状況と密接な関係がある。そのため近年では、乾燥、降雨、風の強さなどの気象状況と花粉飛散数の定点観測から、天気予報と同時に花粉症予報（警戒日、安定日など）を行ってい

る。

　蕁麻疹は食事性のものが多く、原因物質としては魚介類（特にサバ）、豚肉などがおもなものである。食事性アレルギーと異なり、食品に細菌が繁殖し、食品中のアミノ酸にその細菌の脱炭素酵素が作用してアミンを生じ、それによる中毒を起こすことがある。これをアレルギー性食中毒という。

　光過敏性皮膚炎は、タールや農薬などに触れた皮膚に日光が当たることにより発症する（光毒素反応）。また、抗生物質などの薬物、クロロフィル（葉緑素）の多い野菜などの摂取後、日光により皮膚炎が誘発されることがある（光感作反応）。接触性皮膚炎では、ゴム、金属、漆など感作性物質に接触している部分に発疹が見られるが、アレルギーの関与するものがある。

　アレルギー体質といわれるように、アレルギーには遺伝的素因が関与することがしばしばある。アレルギーの既往症があるときや、発症しやすい季節・環境では、アレルゲンとの接触をなるべく避ける工夫が必要である。一般に、幼小児に見られるアレルギー症状は、成長にするにしたがって軽症化する。

　職業性皮膚障害や職業性喘息もアレルギー性疾患であるが、そのアレルゲンとなる物質はさまざまで、その生物学的・化学的要因は多岐にわたっている[2]。

（2）感染症

感染症の成り立ち

　感染とは、病原体が宿主の体内に侵入して増殖することである。単に病原体が身体または器物等の表面に付着している状態は、汚染という。感染症とは、感染によって引き起こされるすべての疾病をいうが、人から人に直接または間接的に伝播する病気の場合には伝染病ともいう。

　宿主が病原体に暴露してから発病するまでの期間を潜伏期という。潜伏

期は病原体の種類によりほぼ一定している。感染しても発病しない場合は、不顕性感染という。感染して発症する割合を感染発症指数と呼び、麻疹や水痘の約95％からポリオや日本脳炎の0.1％程度までその差は大きい[(2)]。

疾病の発生要因には、病因、環境、宿主の三つの要因がある。感染症について対応させると、感染源、感染経路、感受性宿主となる。

① 感染源

感染症の発生にはその疾病に固有の病原体が必要であり、病原体が増殖している部位を病原巣という。感染源とは感染がどこに由来するかを示すもので、病原巣自体の場合が多いが、菌に汚染された水・食品や器物などのこともある。病原巣には次のようなものがある。

ヒト：多くはヒトだけの伝染病（コレラ、結核、ハンセン病、性病、麻疹、B型肝炎など）。

動物：ヒトと脊椎動物を共通の宿主とする人畜（獣）共通伝染病がおもなもので、野生動物や家畜、ときには爬虫類、魚、節足動物のこともある（炭疽、狂犬病、日本脳炎など）。

土壌その他の環境：破傷風、ガス壊疽、真菌症など。

ヒトが病原巣の場合、患者と保菌者がある。保菌者とは、現在症状はないが病原体を保有している者をいい、健康保菌者、潜伏期保菌者、病後保菌者などがある。保菌者は無自覚に排菌している場合が多く、日常生活で多くのヒトと接触するので、危険な感染源として疾病予防上重視されている。

② 感染経路

病原体が病原巣から出発して新たな感受性宿主に侵入するまでの道筋を感染経路といい、種々の伝播様式がある。

●病原体の伝播様式から見た感染経路：

直接伝播と間接伝播に大別され、さらに伝播する様式にしたがって、表3.1に示すような多用な経路が知られている。また、母体から胎盤や産道

表3.1 病原体の伝播様式

伝播様式		伝播機会・手段
直接伝播	1. 直接接触	a. 他人との接触（性交、接吻、格闘技など） b. 土壌等に常在の病原体が直接傷口から（土木・農作業など） c. 咬傷（狂犬病などの場合）
	2. 飛沫散布	くしゃみ、咳（至近距離の場合）
	3. 垂直感染	経胎盤・産道感染、授乳
間接伝播	1. 媒介物感染	a. 間接接触（汚染器物、外科器具、注射針）生物製剤（ワクチン、血清、輸液、輸血など） b. 水系感染（水道、井戸などの汚染） c. 食物感染（細菌性食中毒など）
	2. 媒介動物感染	a. 生物学的感染（感染昆虫の刺咬） b. 機械的汚染（昆虫の体表に菌が付着して運搬）
	3. 空気感染	a. 飛沫核感染（気道分泌物飛沫が乾燥して長期間空中を浮遊） b. 塵埃感染（汚染された土壌、衣類のほこり）

重松逸造他編『伝染病予防必携（改訂第4版）』日本公衆衛生協会（1992）より

を介して児に感染する場合を特に垂直感染と呼び、一般のヒトからヒトへ伝染する場合を水平感染と呼ぶ。

●病原体の宿主への侵入門戸から見た感染経路：

皮膚、呼吸器粘膜および消化器粘膜が病原体の宿主への主要な侵入場所であるが、このほかにも眼、泌尿・性器粘膜等がある。また、垂直感染のように直接母体から胎児へ侵入する場合もある。

●宿主の感受性：

病原体が体内に侵入してもすべて個体に必ず感染が成立するとは限らない。感染に対する個体の感受性は、免疫、遺伝、年齢、性、栄養などの諸条件により特徴づけられる。個体の抵抗力には先天抵抗力と獲得免疫がある。先天抵抗力は自然免疫（または先天免疫）ともいわれ、生まれつきの非特異的な抵抗力である。免疫はその獲得の様式から次のように分けられる。

能動免疫
 自然能動免疫： 自然感染後の免疫
 人工能動免疫： 予防接種後の免疫
受動免疫
 自然受動免疫： 胎盤経由の母子免疫
 人工受動免疫： 免疫グロブリン接種など

一般に能動免疫は強力で長時間持続するが、受動免疫の持続期間は短い。

感染症の最近の動向

克服されたかに見えた感染症は、近年、人・物の移動、開発等による環境変化、社会活動様式の変容、あるいは保健医療サービスの高度化により大きく様変わりしている。たとえば、海外旅行によって頻発する熱帯性疾患の輸入症例、熱帯雨林の開発が関係したともいわれるエボラ出血熱やラッサ熱といったウイルス性出血熱の発生、オウムやインコから感染するオウム病、上水道を汚染して集団感染を起こすクリプトスポリジウム症、温泉や給水システムに混入して集団感染するレジオネラ症、MRSA（メチシリン耐性黄色ブドウ球菌）やVRE（バンコマイシン耐性腸球菌）、多剤耐性結核などの抗生物質等の繁用または乱用による薬剤耐性菌の増大など、枚挙に暇がない。

これらの疾病の多くについては、新興・再興感染症の出現や医学・医療の進歩、衛生水準の向上、人権の尊重への要請、国際交流の活発化等の近年の状況の変化を踏まえ、感染症対策の抜本的見直しを図るため、厚生省（現厚生労働省）では感染症の新しい法律の策定を進め、平成11年4月1日に「感染症の予防及び感染症の患者に対する医療に関する法律」が施行された（表3.2）。感染症を取り巻く状況は厳しさを増しており、今、現実について国民に正しい知識を提供していくことはきわめて重要であり、衛生教育やワクチン摂取など可能な予防手段を推進することが急務となっている[3]。

第3章 生活環境と健康

表3.2 感染症の種類（感染症法に基づく分類）

	感染症名等	性格
感染症類型	［1類感染症］ ・エボラ出血熱 ・クリミア・コンゴ出血熱 ・ペスト ・マールブルグ病 ・ラッサ熱	感染力、罹患した場合の重篤性等に基づく総合的観点から見た危険性がきわめて高い感染症
	［2類感染症］ ・急性灰白髄炎 ・コレラ ・細菌性赤痢 ・ジフテリア ・腸チフス ・パラチフス	感染力、罹患した場合の重篤性等に基づく総合的観点から見た危険性が高い感染症
	［3類感染症］ ・腸管出血性大腸菌感染症	感染力、罹患した場合の重篤性等に基づく総合的観点から見た危険性が高くないが、特定の職業への就業によって感染症の集団発生を起こしうる感染症
	［4類感染症］ ・インフルエンザ ・ウイルス性肝炎 ・黄熱 ・Q熱 ・狂犬病 ・クリプトスポリジウム症 ・後天性免疫不全症候群 ・性器クラミジア感染症 ・梅毒 ・麻疹 ・マラリア ・メチシリン耐性黄色ブドウ球菌感染症 ・その他の感染症	国が感染症発生動向調査を行い、その結果等に基づいて必要な情報を一般国民や医療関係者提供・公開していくことによって、発生・拡大を防止すべき感染症
指定感染症	政令で1年間に限定して指定された感染症	既知の感染症の中で上記1～3類に準じた対応の必要が生じた感染症（政令で指定、1年限定）
新感染症	［当初］ 都道府県知事が厚生労働大臣の技術指導 ［用件指定後］ 政令で症状等の要件指定をした後に1類感染症と同様の扱いをする感染症	人から人へ伝染すると認められる疾病であって、既知の感染症と症状等が明らかに異なり、その伝染力および罹患した場合の重篤度から判断した危険性がきわめて高い感染症

3.1 現代の健康問題

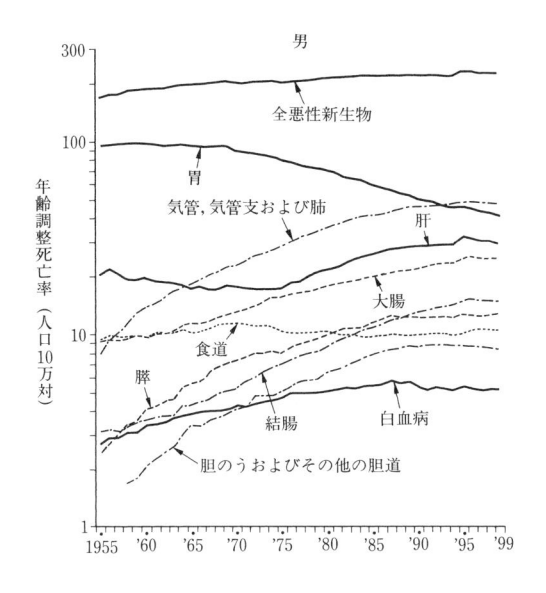

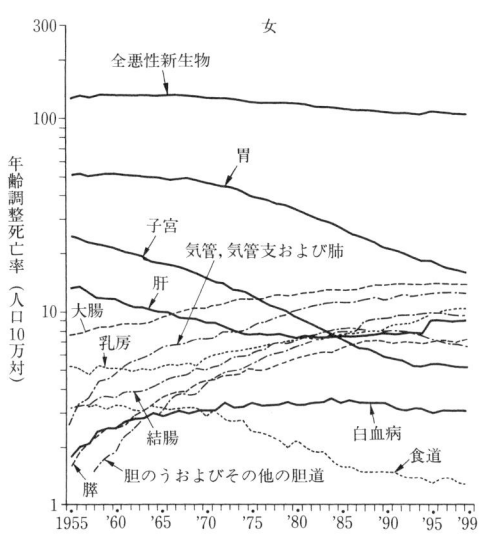

図3.1 部位別に見た悪性新生物の年齢調整死亡率（人口10万対）の年次推移（縦軸は片対数目盛であることに注意）　注：年齢調整死亡率の基準人口は「昭和60年モデル人口」である。大腸は、結腸と直腸S状結腸移行部および直腸を示す。ただし、昭和40年までは直腸肛門部を含む。結腸は大腸の再掲である。肝は肝および肝内胆管である（厚生労働省『人口動態統計』より）

(3) がん

(a) 悪性新生物の最近の傾向

悪性新生物は、昭和56年からわが国の死因の第1位を占めている重要な疾患である。悪性新生物の死亡数は、平成11年は平成10年に比べ6,635人増加し、290,556人であった。死亡総数に対する割合、死亡率、性別死亡数とも増加の一途をたどっている。がんによる死亡がなくなると、日本人の平均寿命は男で4.08年、女で3.03年伸びる。悪性新生物のおもな部位について、男女別の死亡率・死亡数割合・年齢調整死亡率の年次別推移を見ると、部位により傾向の差異が見られる（図3.1）[3]。

胃の悪性新生物

平成11年の死亡数は男性32,788人、女性17,888人である。年齢調整死亡率の推移を見ると、男女とも昭和40年代から大きく低下している(注3)。その要因には、食生活をはじめとする日本人の生活様式の変化、あるいは医療技術の進歩による早期胃がんの発見・治療などが考えられる。悪性新生物死亡全体に占める胃がんの割合も減少傾向にあり、男性18.6％、女性15.6％であった。

肺の悪性新生物

平成11年の死亡数は男性37,934人、女性14,243人である。年齢調整死亡率で見ると、男女とも大きく上昇している（図3.1）。悪性新生物死亡全体に占める割合は、男女とも増加しており、男性21.6％、女性12.4％であった。

大腸の悪性新生物

平成11年の死亡数は男性19,418人、女性15,945人である。年齢調整死亡率の推移を見ると、男女とも昭和30年代から上昇している（図3.1）。悪性新生物死亡全体に占める割合は、男性11.0％、女性13.9％であった。

乳房の悪性新生物

平成11年における女性の乳房の悪性新生物による死亡数は8,882人である。年齢調整死亡率の推移を見ると昭和40年代から上昇しており（図3.1）、7.7%であった。

子宮の悪性新生物

平成11年における子宮の悪性新生物による死亡数は5,142人である。年齢調整死亡率の推移を見ると、昭和30年から低下しており、平成11年には昭和30年のおよそ4分の1になっている（図3.1）。悪性新生物全体に占める割合も、昭和25年には26.3%であったが、平成11年には4.5%になっている。その要因として、日本における生活面での衛生環境の改善による子宮頸がんの減少や、早期発見・早期治療などが考えられる。

その他の部位の悪性新生物

年齢調整死亡率の推移を見ると、結腸、膵、胆のうおよびその他の胆道の悪性新生物は、男女ともそれぞれ上昇傾向にある（図3.1）。肝臓の悪性新生物による年齢調整死亡率の推移は、男性では昭和50年代より上昇傾向が見られるが、女性では低下傾向にあった。

(b) がんの危険因子

がん発生の危険因子

これまでに行われた多くの疫学的、実験的研究から、発がんには、食物、喫煙、飲酒、放射線、紫外線、大気汚染、農薬、薬剤、ウイルスなどの環境性因子および遺伝的素因、老化、免疫能、ホルモン代謝などの宿主性因子が関与していると見られている。これらの諸因子のうち、環境性のがんの危険因子を因子別に整理すると表3.3のようになる[4]。Wynderらの米国における発がん因子の寄与度の推計によれば[5]、環境性発がん因子が男女とも80%を占めており、これらの環境性因子のうち食物の占める割合が最も大きく、男性では40%以上、女性では60%以上にも達するとしている。食物についで寄与度が大きい因子として、タバコ、放射線、エックス線、職業、アルコール、外因性ホルモンなどを挙げている。Dollらも、米国に

第3章 生活環境と健康

表3.3 がんの環境性危険因子と関連するがんの部位

がんの危険因子	がんの部位
1. 日常生活	
喫煙	肺・気管支、口腔、咽頭、喉頭、食道、胃、肝臓、膵臓、腎臓（腎盂）、尿管、膀胱、子宮頸部
アルコール	口腔、咽頭、食道、大腸、乳房
食物	
米飯多食・高塩分食品など	胃
高脂肪食（高カロリー食）	結腸、乳房（?）、子宮体部（?）、卵巣（?）、前立腺（?）
アフラトキシン汚染食品	肝臓
結婚生活・性生活	
早婚、多産、多数の相手との性交渉（配偶者も）	子宮頸部
独身、高齢初産、少産	乳房
ウイルス感染	
HBV、HCV	肝臓
HPV16/18/33型、HSV2	子宮頸部
HTLV-1	T細胞リンパ腫・白血病
紫外線	皮膚
2. 職業	
アスベスト	肺、胸膜、腹膜
クロム	肺、鼻腔
砒素	肺、皮膚
ニッケル	肺
ビス（クロロメチル）エーテル	肺
マスタードガス	肺、喉頭、鼻腔
木材のほこり	鼻腔
ベンゼン	骨髄（白血病）
芳香族アミン	膀胱
カドミウム	前立腺
塩化ビニール	肝臓（血管腫）
3. 医療	
治療用放射線	全部位
トロトラスト	肝臓、脾臓、骨髄（白血病）
タール軟膏	皮膚
シクロホスアミド	膀胱、骨髄（白血病）
クロルプロマジン	膀胱
フェナセチン	腎盂
エストロゲン	子宮内膜、乳房（?）
スチルベステロール（経胎盤性）	膣
アンドロゲン剤	肝臓
ステロイド避妊剤	肝臓（良性）
免疫抑制剤	リンパ組織

富永祐民『癌と化療』**14**(7), 2225（1987）より改変

おけるがん死亡に対する各種の発がん因子の寄与度を推計している[6]。

これらはいずれも米国のがんについての推計値であるが、わが国のがんについても、割合は多少異なるとしても、食物が種々の原因の中で最も重要な因子であると考えられる。食物、タバコなどなど、がんを発生させると考えられる諸要因の80〜90%は環境性因子で占められており、理論的に予防が可能であると考えられている。

食物とがんの関係

食物はがんの原因のうちで最も重要な位置を占めているが、食生活とがんの関係を以下に示す[4]。

① ある種の食品中（たとえばワラビやソテツの実など）には、自然の状態で発がん物質が含まれている。

② ある種のかびが産生する発がん物質で食品が汚染される（たとえばピーナッツ類や穀類がアスペルギルス・フラバスを産生するアフラトキシンB_1で汚染される）

③ 食品添加物に変異原性、発がん性のあるものがある（たとえばAF-2やバターイエローなど）。

④ 肉、魚等の食品の加熱によって変異原物質、発がん物質（Trp-p-1,MeIQなど）ができる。

⑤ それぞれの食物や成分に発がん性はなくても、それらの成分が基質となって体内で発がん物質が生成される。

⑥ 高脂肪、低繊維食は、疫学的研究により、胆汁酸代謝異常を介して大腸がんの促進因子となっていると見られている。

⑦ 高濃度食塩は、疫学的研究、動物実験から胃がんの促進因子と見られている。

⑧ β-カロチン、ビタミンC、ビタミンEなどのビタミン類には発がん抑制作用がある。

⑨ 低栄養はウイルス（発がんウイルスを含む）感染に対する感受性を

高め、逆に過栄養はがんの増殖を促進する可能性がある。

　以上のほかに、食物の固さ、量、食べ方、食品の保存方法（塩蔵、燻製、冷蔵・冷凍保存）なども、直接的または間接的に発がんに関係していると見られる。

タバコとがんの関係

　これまで内外で行われた多くの疫学的・実験的研究から、表3.3に示したように、喫煙は肺がんをはじめ多くの部位のがんの原因となっていることが明らかにされた。さらに、喫煙は喫煙者自身のがんの危険性を高めるだけでなく、受動喫煙により周囲の非喫煙者にがんのリスクを高める可能性があることも明らかにされた[7]。

アルコールとがんの関係

　これまでの疫学的研究から、飲酒は口腔がん、咽頭がん、食道がん、肝臓がん、乳がん、大腸がんの危険因子であることが報告されている。口腔がん、咽頭がん、食道がんについては、飲酒と喫煙が重なった場合に特にリスクが高くなることが知られている。

ウイルスとがん

　食物、タバコについで、ウイルス感染の発がんに対する寄与度は大きい。これまでの研究から、ヒトの発がんに関与していると見られているウイルスは、肝細胞がんの原因ウイルスのC型肝炎ウイルス（HCV）、B型肝炎ウイルス（HBV）、子宮頚がんの原因ウイルスのヒトパピローマウイルス（HPV）16/18型、T細胞白血病（ALT）の原因ウイルスのHTLV-1などである。

遺伝とがん

　両側性の網膜芽細胞腫、神経芽細胞腫、ウイルムス腫瘍、家族性大腸腺腫症（FPC）に伴う大腸がん、遺伝性非ポリポーシス大腸がん、多発性内分泌腺腫症などが報告されている。近年、遺伝子レベルの研究の急速な進歩により、これらの遺伝性がんの発がん性も解明されつつある。多くの遺

伝性のがんでは、先天的にRB遺伝子やp53などのがん抑制遺伝子の変異が見られたり、DNA修復機構に障害があることが明らかにされている。

(4) 生活習慣病

かつて、「成人病」という用語が使用されていた。「成人病」とは厚生省が昭和30年代初頭より用いはじめた行政用語であり、昭和32年に開催された「成人病予防対策協議連絡会」の議事録に、「成人病とは主として、脳卒中、がんなどの悪性腫瘍、心臓病などの40歳前後から急に死亡率が高くなり、しかも全死因の中でも高位を占め、40～60歳位の働き盛りに多い疾患を考えている」との記述がある[3]。これらの疾患は年齢が上昇するにしたがってその頻度が増える性質があるため、人口の高齢化にしたがってますます増加することが予想される。

近年、生活習慣とこれらの疾患の発症との関係が明らかになってきており、最近では、健康的な生活習慣を確立することにより疾病の発症そのものを予防する「一次予防」の考え方が重視されるようになってきた。疾病の予防対策には、健康を増進し発病を予防する「一次予防」、疾病を早期に発見し早期に治療する「二次予防」、疾病に罹患した後の対応としての治療・機能回復・機能維持という「三次予防」がある。三次予防対策としてはリハビリテーションを含む医療供給体制の整備が、二次予防対策としては健康審査の普及・確立が中心となる。これに対し、一次予防対策は、一人ひとりが健康的な生活習慣を自分で確立することが基本となるものである。

そこで、国民に生活習慣の重要性を喚起し、健康に対する自発性を促し、生涯を通じた生活習慣改善のための個人の努力を社会全体で支援する態勢を整備するため、「生活習慣病」という概念の導入が提案された（生活習慣に着目した疾病対策の基本的方向性について（意見具申）：公衆衛生審議会　平成8年12月18日）。「生活習慣病」という概念は、これまで「成人病」対策として二次予防に重点を置いていた従来の対策に加え、生活習慣

の改善を目指す一次予防対策を推進するために新たに導入した概念である。このようなことから、生活習慣に着目した疾病概念として「生活習慣病」を「食習慣、運動習慣、休養、喫煙、飲酒等の生活習慣がその発症・進行に関与する疾患群」と定義した。

疾病の発病や予後に関与しているさまざまな要因は、「遺伝要因」、「外部環境要因」、「生活習慣要因」の三つに大きく分けることができる。「遺伝要因」については、基礎的研究から臨床医学までさまざまな対策が進められている。また、病原体や有害物質といった「外部環境要因」についても、新興・再興感染症対策から生活保健対策といった対策が進められている。食習慣や運動習慣、喫煙の有無や飲酒量といった「生活習慣」も、「遺伝要因」や「外部環境要因」と並んで疾病の発症や予防に影響を与える。たとえば、喫煙と肺がんや虚血性心疾患、動物性脂肪の過剰摂取と大腸がん、食塩の過剰摂取と脳卒中、肥満とインスリン非依存性糖尿病、アルコール過剰摂取と肝硬変など、生活習慣が疾病の発症に深く関係していることが明らかになってきている。

生活習慣は、小児期にその基本が身につけられるといわれており、このような疾病概念の導入により、家庭教育や学校保健教育などを通じて、小児期からの生涯を通じた健康教育が推進されることが期待できる。さらに、疾病の罹患によるQOL（生活の質）の低下が予防されるとともに、年々増大する国民医療費の効果的な使用にも資するものと考えられる[8]。それぞれの疾病概念に含まれる疾患については、いずれも年齢あるいは生活習慣の積み重ねにより発生・進行する慢性疾患であり、また、その発症には複数の要因が大なり小なり関与するものと考えられるので、重複するものが多い。

今日、厚生労働省は「21世紀における国民健康づくり運動（健康日本21）」を国家的事業として展開している。壮年期死亡の減少、健康寿命の延伸と生活の質の向上を目的に、がん、心臓病、脳卒中、糖尿病等の生活習慣病による死亡、罹患、生活習慣上の危険因子など、国民の健康に関わる事項

について2010年までの具体的な目標を設定している。これらの目標を目指して適切な健康情報の提供を行うことにより、個人の選択に基づいた生活習慣の改善を進めるとともに、国および地方自治体を含めた社会のさまざまなグループ（マスメディア、企業、非営利組織NPO、職場、学校、地域、家庭、保険組合、保健医療専門家等）が、それぞれの機能を活かして一人ひとりの健康実現を支援する環境を総合的に整備していくこととしている[8]。

生活習慣病の現状

a. 主要疾患の死亡者数（平成11年「人口動態統計」）

主要疾患別に見た死亡者数は、悪性新生物が第1位で290,556人であり、以下、第2位が心疾患で151,079人、第3位が脳血管疾患で138,989人である。糖尿病は第10位で12,814人である（表3.4）。これらの生活習慣病による死亡者の割合が年々増加している。

b. 主要疾患の患者数

表3.4 平成11年（1999年）の死因順位で見た死因別死亡数と死亡率（人口10万対）・死亡総数に対する割合——対前年比較

死亡順位	死因	死亡数			死亡率			死亡総数に対する割合(%)	
		平成11年('99)	10('98)	差引増減(平11-平10)	平成11年('99)	10('98)	対前年比(平11=平10)	平成11年('99)	10('98)
第1位	全疾患	982031	936484	45547	782.9	747.7	104.7	100.0	100.0
2	悪性新生物	290556	283921	6635	231.6	226.7	102.2	29.6	30.3
3	心疾患	151079	143120	7959	120.4	114.3	105.3	15.4	15.3
4	脳血管疾患	138989	137819	1170	110.8	110.0	100.7	14.2	14.7
5	肺炎	93994	79952	14042	74.9	63.8	117.4	9.6	8.5
6	不慮の事故	40079	38925	1154	32.0	31.1	102.9	4.1	4.2
7	自殺	31413	31755	-342	25.0	25.4	98.4	3.2	3.4
8	老衰	22829	21374	1455	18.2	17.1	106.4	2.3	2.3
9	腎不全	7704	16638	1066	14.1	13.3	106.0	1.8	1.8
10	肝疾患	16585	16133	452	13.2	12.9	102.3	1.7	1.7
	糖尿病	12814	12537	277	10.2	10.0	102.3	1.3	1.3

厚生労働省『人口動態統計』より

平成11年「患者調査」によると、主要疾患別に見た総患者数は、高血圧性疾患672万人、脳血管疾患365万人、糖尿病226万人、脳卒中173万人、虚血性心疾患124万人である。また、平成9年に実施した「糖尿病実態調査」によると、糖尿病が強く疑われる人は690万人、これに糖尿病の可能性を否定できない人を合わせると1,370万人という結果であった。

(5) 自己免疫疾患

自己免疫現象とは、抗体またはT細胞が自己成分と反応する現象で、自己抗体または自己反応T細胞(注4)が存在する状態である。ところが、自己抗体や自己反応性T細胞が存在するだけで免疫疾患になるわけではない。実は健常人にもこれらの抗体やT細胞が存在する。どのようなメカニズムが働くと自己免疫疾患になるのか、いまだ明確ではないが、下記のような機序が考えられている。ある統計によれば、5～7％が何らかの自己免疫疾患に罹患するという[9]。

40年前に提唱されたいわゆるWitebskyの仮説に従えば、その疾患が自己免疫疾患であるというためには、

① 病因となる自己抗原を同定し
② これを免疫することで自己免疫現象を動物で誘導し
③ それによってヒトの疾患と同様な病気が引き起こされる

ことを示す必要がある。しかし、すべての自己免疫疾患が必ずしもこの仮説のように起こるわけではないと考えられる。現在のところ、ある疾患が自己免疫疾患であるという場合のほとんどは、種々の状況証拠、たとえば自己抗体が存在する、標的臓器にリンパ球浸潤がある、特定のHLAと疾患が相関する、免疫抑制剤の効果がある、などを総合して判断している。現在知られている自己免疫疾患には、自己免疫性甲状腺疾患（橋本病、Basedow病）、インスリン依存性糖尿病、自己免疫性溶血性貧血、重症筋無力症、全身性エリテマトーデス、慢性関節リューマチ、強皮症などであ

自己免疫性疾患の家族内集積の報告は多い。一卵性双生児の一方が自己免疫疾患で、もう片方がその疾患になる割合は、Ⅰ型糖尿病で約50%、多発性硬化症で約30%、全身性エリテマトーデスで約25%とされている。すなわち、自己免疫疾患には罹患しやすい遺伝的素因があることは確かである。しかし、遺伝的素因をもっている者すべてが発症するわけではないので、外的な要因が加わり発病すると考えられる。

　免疫学の進歩とともに、免疫応答に関与する多くの分子が明らかにされ、免疫応答の根本的メカニズムの全容が解明されようとしている。しかし、実際の自己免疫疾患の真の原因、病態はいまだ不明のままである。自己免疫疾患の成立、進展に関しては多くの仮説が考えられるが、まだ可能性の段階にとどまっている。自己免疫疾患の明確な理解と副作用のない治療法の確立が待たれる[9]。

(注1) 免疫グロブリンE。免疫グロブリンのクラスの一つ。
(注2) IgE抗体を産生させ、Ⅰ型アレルギーの原因となる抗原性物質を総称する。
(注3) 年齢構成が著しく異なる人口集団の間での死亡率や、特定の年齢層に偏在する死因別死亡率などについて、その年齢構成の差を取り除いて比較する場合に用いる。基準人口として昭和60年モデル人口を用いる。
(注4) その成熟・分化に胸腺が重要な役割を果たすリンパ球亜群。免疫応答の活性化・抑制などに関与する。

3.2　生活の中の芳香

(1)　成分利用の変遷

　木本植物の成分利用は、古くは紀元前5000年にまでさかのぼると言われている。この時代は、宗教的儀礼として「生贄の悪臭消し」、「祭祀に捧げる酒の香味つけと防腐」および「神に捧げる身を清める」などといった用途から、植物の花、果実、根、材部、樹脂（樹皮に自然に滲み出る粗脂）成分のうち、特に芳香性物質を塗布するような形で活用していた[10]。

さらに、木の成分利用は、火の有効活用によって画期的な進展をとげたとの見方をされている。その証拠として、ネアンデルタール人の遺跡の発掘現場から死者を埋葬するときによい香りの木々を焚いた跡が発見されている。木や樹脂を燃やしてよい香りを利用することは、エジプト時代に「火＝神秘・魔法」、「煙＝天に立ち上り人と神をつなぐ絆」、「香＝神聖なる安らぎ」といった3要素から成り立っていたと考えられており、特に、カンラン科のボスウェリア属の木の樹皮に傷をつけて滲み出てくる芳香性樹脂（ガムレジン）は、乳香といい、古来より中近東において香りとしての嗜好用ばかりではなく、虫歯の予防や治療、炎症性疾患（気管支炎、肺炎など）に効能をもつ薬品としても使用された。

　また、カンラン科ミラルノキ属から自然に滲み出た油状の芳香性樹脂は、没薬（ミラル）といい珍重された。没薬は、収斂性の強壮剤、健胃剤としての効果があるために薬用として、さらには防腐効果を示すことから、ミイラ作りと死体の保存のために適応された[11]。

　エジプト時代からギリシャ時代にかけては、クレオパトラをはじめ、貴族の嗜好品として入浴剤、体臭の予防、かゆみや皮膚のあれと剥離の手入れに利用された。ローマ時代に入ると大衆化が進み、錬金術による技術開発から蒸留法が確立された。この方法を駆使して、樹脂芳香性成分を液体香料にする「香水」の原形ができあがった。その後18世紀までは、体臭予防、衛生管理、性的フェロモンなどの用途に木質資源を原材料とする成分が広く活用された[10]。

　19世紀には有機化学に関する基礎が開発され、多種多様な木本植物から成分が単離され、調香技術と有用成分の有機合成へと進歩をとげた。20世紀には、植物細胞工学の大いなる発展から組織培養技術が確立され、6世紀以前の日本古来の医学「和方」に端を発し、江戸時代に盛んになった養生法と民間療法、中国から伝わった漢方療法、さらには西洋医学などで使う植物の二次代謝産物が懸濁培養法等で生産され、木本植物の成分は現代の対症療法医療にも利用されている。薬用の木本植物[12]-[14]として利用さ

れているおもな樹種名、薬用部位および効能を表3.5に示す。

21世紀を迎えた今日にあっては、植物の芳香性物質を抽出し、芳香療法（アロマテラピー）なるものが代替・相補・伝統医療[15]の一つとして認知されようとしている。芳香療法は、21世紀の超高齢化社会へ向かっての健康維持、予防医学の観点から本質をついた木質成分の医科学的検証（成分同定・前臨床・臨床試験）を行えば、古きよき時代の伝統を現在へと受け継ぐ究極の温故知新型の成分利用になるものと考える。

表3.6に代替医療として区分されている各種療法の例を示す。

(2) 日本における木の成分利用

旧石器時代から、縄文、弥生時代までの日本での木の成分利用は、特に一つの成分に限定して利用するという考え方ではなく、生活必需品の有効利用の仕方を伝承的に受け継ぐというかたちで、無意識のうちに特定成分

表3.5 薬用として利用されているおもな木本植物とその効能

樹種名	薬用部位	効能	生薬名・和名
1．イチイ	材、樹皮、葉	子宮がん、肺がん（抗がん作用）	
2．キハダ	内樹皮	健胃、収斂、消炎	「黄柏」
3．サクラ	内樹皮	鎮咳剤	「桜皮」
4．ニワトコ	材、樹皮	腫れ、打ち身、利尿、止血	「接骨木」
5．ニッケイ	樹皮	健胃、発汗、解熱、鎮痛	「桂枝」
6．トチュウ	樹皮	鎮痛、強壮、降圧作用	「杜仲」
7．タラノキ	樹皮、根	血糖降下	
8．アカマツ	葉、幼枝	血管壁強化	
9．チノキ	葉、樹皮	抗炎症、殺菌、水虫	
10．ビワ	葉、時に幼枝	腰痛、抗炎症（皮膚）	葉は「枇杷葉」
11．ネムノキ	樹皮、幼枝	鎮痛（関節）、眼精疲労	「合歓」
12．オオツヅラフジ	ツル、根	鎮痛（関節）、利尿	「防已」
13．クワ	根皮	利尿、鎮咳、去痰、	「桑白皮」
	枝	抗動脈硬化	
14．ホオノキ	樹皮	鎮痛、鎮静、健胃	「厚朴」
15．メグスリノキ	樹皮、小枝	疲れ目	「目薬木」
16．アケビ	材	消炎性利尿、鎮痛、排膿	「木通」
17．カシワ	樹皮	下痢	
18．オニグルミ	樹皮	凍傷、湿疹などの皮膚疾患	

第3章　生活環境と健康

表3.6 代替医療として区分される療法

① アロマテラピー、② 色彩療法、③ 音楽療法、④ 光線療法、⑤ 波動療法、⑥ セラピューティック・タッチ、⑦ ヘラーワーク、⑧ ロルフィン、⑨ イメージ療法、⑩ バイオフィードバック療法、⑪ 催眠療法、⑫ アレクサンダーテクニーク、⑬ フェルデンクライス・メソッドなど

が含有される樹種を木の道具などとして活用していたようである。考古学者の話によれば、日本での本格的な木の成分利用は、古墳時代に、死体を安置する石室内に虫除けなどの目的で精油成分を保持する木材を置いたことに始まるという。

さらに、6世紀半ばに、外交通商の一環として渡来した百済の聖明王の使者が日本に仏教を伝来させたことにより、仏具、仏像、経典が伝わり、香りの選択と仏像を彫る樹種が限定された[16]。したがって、このころに建立された法隆寺（607年）などの古建物は、強度の経年変化に加えて、防虫性や耐腐朽性の成分を含有する材に統一された。このことは、日本の環境を把握した先人たちが培ってきた知識と伝来された文化および宗教がよき融合を果たして利用されたということである。

仏教的な背景をもとに、奈良、平安、鎌倉時代に製作された日本の仏像は、材料となった樹種がビャクダンなどの香木であったために、腐朽菌および木喰い虫からの害を逃れ、保存状態のよい国宝や世界財産が維持されているのである。また、独特な香りを有するヒノキなども、先人たちは仏像や建築物などの材料として選択しているが、この樹種選択は、今後もわが国における木造家屋に受け継がれていくものと考えられる。

先人たちが優良建築材料として選定した樹種に含まれる有用成分は、近年の有機化学、分析化学の技術開発をもとに、耐朽性・防虫性成分として明らかとなっている。抗菌作用を示すおもな成分はフェノール類やテルペン類などである。耐朽性成分[17]であるフェノール類の p-メトキシチモール、o-クマル酸、スチルベン類のプテロスチルベン、ピノシルビン、テルペン類の α-ツヤプリシン、β-ツヤプリシン、フラボン類のタキシホリ

3.2 生活の中の芳香

ン、遊離およびエステル状態で抗菌作用を示す安息香酸、キノン類のチモキノン、テクノキノンの構造式を図3.2に示す。また、国産材と外材の中で特に心材部に高い耐朽性を示す樹種を表3.7に示す。

　日本における独特な木の成分利用は、建築物ばかりではなく、生活の中の香りとしても利用された。その起源となったのはやはり仏教の伝来であり、当初日本の香りは中国と類似していた。しかしその後、ヒノキ、クスノキ、クロモジなどの樹種に限定されてはいたが、日本に生育する木の成分を利用した日本独自の香りの創造も展開された。

　奈良、平安、鎌倉時代には、皇族や武士および一部の庶民の間で香木を焚いて神仏へ供香する風儀が広まったといわれている。さらに、室町時代には香木を焚いて香煙を嗅ぎ当てる香道が誕生したとともに、武士階級に

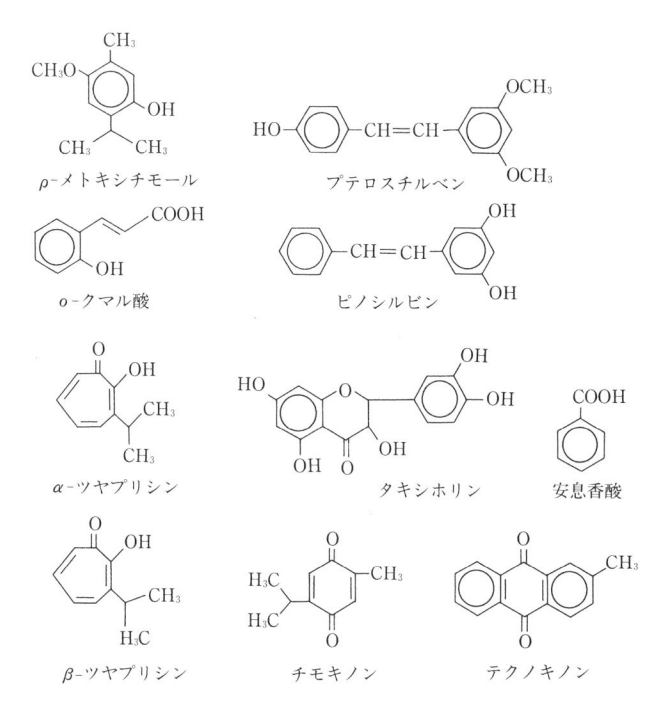

図3.2 代表的な天然耐朽性成分

表3.7 耐朽性の高い木材の種類

国産材	ヤマグワ、ニセアカシア、ネズコ、ヒバ、ヒノキ、ケヤキ、ビャクダン、アスナロ、コウヤマキ、クリなど
外材	ローズウッド、ユーカリ、コクタン、シタン、レッドウッド、ニオイヒバ、ベイスギ、ベイヒ、ベイヒバグリーンハートなど

おいては平常心を高めるための精神陶冶の道となった。歴史小説家の話によると、江戸時代の参勤交代に際しては、大名が国元と江戸との往復に立ち寄る本陣等の宿舎で、大名ごとに異なる香木を焚いて旅の疲労とストレスを癒したという。

また、江戸時代に武士が腰につるした印篭の中には、当座の薬とともに香り袋を入れていた。このような香りを利用した日本独自の芸道は、明治維新による西欧文明の流入によって衰退の一途をたどり、明治、大正、昭和の時代は、香木を含めたすべての香りが西欧に追随した。しかし近年、奈良時代から日本において薬用として用いられていた伽羅や沈香などの香煙が、若年層を含めた多くの人々に注目され、爆発的なブームの兆しをうかがわせている。芳香による効能「芳香療法」の具体例については、次節で解説する。

(3) 木の芳香療法（アロマテラピー）

芳香療法は、香りが鼻腔内の臭覚細胞で電気パルスに変えられ、大脳辺縁系の神経興奮を抑え、麻痺状態の神経系を覚醒させる効能があるとされているが、医科学的な詳細な検討は始められたばかりである。これまでに報告された成果としては、日本家屋で柱材の香りが漂う部屋で生活すると、コンクリート壁に壁紙を施工した部屋よりも、統計学的に有意な心理ストレスの低減と作業能率の向上が見られることが確認されている。樹木の芳香成分によってこのような結果を示した際のヒト生体内の血液および医科学的数値の変化は、末梢血流量やストレスホルモン量などとともに、精神生理学的な診断からも確認され、臨床の現場においても芳香療法の活用が

注目されようとしている。

　芳香療法に用いられる精油成分の中には、精神的ストレスに効果的に働く抗鬱作用を示すものや殺菌・殺虫作用を示すものなどがあり、目的に合わせた精油成分の選択がヒトへの効能を引き出すポイントとなることが指摘されている。ヒトの血液内の免疫細胞数は、精神的ストレスを和らげる落語や漫才などの演芸鑑賞などによっても変化を示し、鑑賞後には免疫力が増強したことも報告されている。

　そこで著者[18]は、運動部の強化合宿中の選手、男女6名（22、22、23、28歳の男性、21、22歳の女性）を被験者に、精神的ストレスに改善効果を示すといわれる精油成分を用いて、就寝前後の採血から免疫細胞に対する変化を検討した。具体的な試験法としては、12日間の合宿期間中の任意の4日間のうち、2日間は就寝前の午後11時に採血し、ブラジル産ローズウッドの心材部小片から水蒸気蒸留法によって得た抽出液0.5mlを枕元のガーゼに滴下して就寝させ、翌朝7時に再度採血した。別の2日間は、2回の採血時間は同様であるが、抽出液を滴下したガーゼを置かずに就寝させた。この4日間の6人の運動量と栄養摂取量は、ほぼ同等である。

　その結果、ローズウッドの抽出液による芳香が漂う部屋で睡眠した場合の方が、T細胞とNK（ナチュラルキラー）細胞の数が増加していることが統計的に証明され、免疫力の増強を認める成績を得た。特に自然免疫系のNK細胞の上昇が顕著であった。ウイルス感染やある種の悪性腫瘍に対して細胞傷害性であるNK細胞とウイルス免疫主要細胞、および抗体と細胞性免疫に必要な異なるサイトカインを産生するT細胞が増加することは、生体防御に重要な役割を果たすことであり、細胞性免疫の活性力を増強するものである。ローズウッドの抽出液を滴下した入浴法やマッサージを行うと、抗炎症および切り傷に鎮静作用を促すといわれているが、その機序の一つには免疫が関与するものと考えられる。

　ローズウッド以外で芳香療法に利用されている樹木系の精油成分[19]には、サイプレス、シダーウッド、ティトリー、パイン、バーチ、プチグレ

第3章　生活環境と健康

ン、ユーカリなどがあり、最古の芳香物質である乳香、没薬（ミラル）、安息香（ベンゾイン）とともに生活の嗜好品およびリラクゼーションのための必需品となりつつある。しかしながら、それぞれの精油成分のヒト生体内での作用機序は不明確であることから、代替療法の新規医薬品として利用するには詳細な医科学的研究を行うことが必要である。

　天然物におけるヒトの免疫増強作用や疾患の改善は、副作用を伴わずして効果を示すことも確認されており[20][21]、芳香療法に関しての期待も大きい。

（4）木のアレロパシー

　自然界においては、作物の収穫量に及ぼす雑草の影響、連作障害、樹木の成長阻害に及ぼす生育相の影響、樹木からの浸出液による殺虫・抗菌作用およびヒトに対しては心身とともに健康を増進させる効果（フィトンチッド）などが認識されている。このような作用成分として、数種のテルペン類とフェノール類が関与することはわかっているが、全容は明らかではなく、さらに多くの種類の化学物質が複雑に絡み合っているものと推察される。

　ヒトに対するフィトンチッド効果を含む生物相互間の生化学的な関わり合いは、アレロパシー（他感作用）として定義されている[22]。アレロパシーは、一般的にはその作用範囲が限定されているものと考えられていたが、著者のこれまでの研究[18]では、作用範囲が広い物質も存在することがわかっている。

　その一例を紹介すると、ユーカリから生産されたアレロパシー物質をSMY寒天（1％ショ糖、1％麦芽抽出物、0.4％酵母抽出物、2％寒天）培地に0.05ppmの濃度で添加し、その培地に内径5mmのコルクボーラーで打ち抜いたヒラタケの菌糸体ディスクを接種後、温度28±2℃、関係湿度80％以上の条件で培養したところ、菌糸体の成長は著しく阻害された。また、ヒラタケのプロトプラスト調製時の緩衝液と再生培地に同濃度のユーカリ

アレロパシー物質を添加したところ、再生率を向上させる著しい効果を観察した。しかしながら、プロトプラスト再生菌糸体の成長には、先の実験と同様に抑制的に働いた成績がある。

木本植物から揮発、抽出精製されるアレロパシー物質は、研究例も少なくその作用範囲も未知の部分が多い。アレロパシー物質は、自然界に存在するものであり、その成分の中には、殺虫・抗菌作用とともに森林療法などとして各種疾患に作用するものもあると考えられるため、今後の研究の展開によっては、環境に負荷をかけない新規殺虫剤や抗菌剤および天然物（生化学・医科学用）としての利用法が生み出されるかもしれない。

(5) 温故知新の技術

日本の国土は、多様な気候帯によって豊かな植生に恵まれていることから、古代からその地域ごとによる樹木を産し、独自の成分利用の技術が蓄積されたことも忘れてはならない。前節までに示した成分利用のほかにも、伝統技術の継承とともに新規技術の創造が日々研鑽されている。各業種による木の成分利用についての動きを紹介する。

酒造業界では、日本酒はスギ材、ワイン・ウイスキー・ブランデーはホワイトオーク（ナラ）材の樽に入れ、木のもつ成分を利用しての熟成と木香づけを伝統的手法のもとに行っている。近年、焼酎製造メーカーなどでも樽の成分を利用する熟成と色づけ、木香づけなどが研究され、製品の区別化が検討されている。

染色で古代より使われた草本類と木本類の葉や樹皮を利用する草木染めは、利便性の高い化学染料の導入により衰退の一途をたどった。しかしながら近年、化学染料による環境問題と人体に対するアレルギー性疾患の問題から、草木染めによる商品の生産も若干増加する傾向にある。

さらに、木材の細胞壁成分を利用したものでは、セルロースによる人工透析膜・人工脳こう膜、ヘミセルロースによる抗コレステロール薬剤、リグニンによるリグニン系ポリウレタン、リグニン系熱硬化樹脂などが商品

化されたり研究開発段階にある。

近年、生活文化と嗜好の多様化および環境負荷の軽減などの観点から伝統技術は見直されている。しかしながら、伝統技術を継承した職人の数は激減する傾向にある。21世紀の今、一人ひとりが「温故知新」の木の成分利用に目を向けることが、伝統技術継承のためには必要不可欠であると考える。

(6) 揮発性物質の基礎知識

精油（エッセンシャルオイル）

精油は、おもに植物の花、葉、果実、樹皮などを水蒸気蒸留して得られる揮発性の高い芳香油である（表3.8）。精油は100種類以上あり、蒸留する植物種により含有される成分やその比率が異なり、それぞれ香りや人に対する作用が異なる。また、同じ植物種ではあっても生育環境（気候、土壌の質、標高など）、遺伝的系統（亜種、変種、品種など）や植物収穫後の蒸留条件、精油の保存状態（温度、光の管理、保存期間）などの違いによって、含有する精油の成分やその比率にバリエーションが存在する。

表3.8 精油の抽出部位とその植物

抽出部位	植　物
花	ネロリ、ローズ、カモミール、ジャスミン
葉	ローズマリー、クラリセージ、ティートリー
花と葉	ラベンダー、マジョラム、ゼラニウム
果皮	レモン、ベルガモット
樹皮	フランキンセンス
木	サンダルウッド
液果	ジュニパー

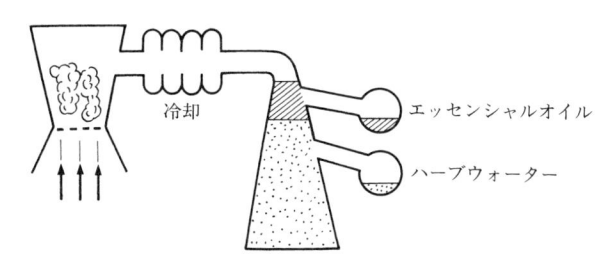

図3.3 水蒸気蒸留法

精油の製造法

〈水蒸気蒸留法〉精油の力に魅了されたアラブ人の手で10世紀末に発明されたといわれ、現在最も多く使われている方法である（図3.3）。まず、原料の植物を容器に入れ、下から水蒸気を当てる。次に、この蒸気体を管に集めて冷却すると、蒸気は液化し、容器に液体がたまる。通常、エッセンシャルオイルは水の比重1より小さいので、上澄みとなって浮く。これがエッセンシャルオイルである。下部の液体は水溶性の成分を含んだ水であるが、わずかに精油分を含んでいる。これは、ハーブウォーターまたはフローラルウォーターと呼ばれ、化粧水などに利用される。

〈圧搾法〉グレープフルーツやレモン、ベルガモットなど、果物の皮から抽出する場合に使われる方法。果皮を手や機械で押しつぶして搾り出す。

〈冷浸法〉ジャスミンやローズなどおもに花から抽出する場合に使われる方法。動物性脂肪や植物油を塗ったトレーに花びらをのせ、オイルを脂肪に吸収させる。脂肪からオイルを分離させ、純化させて精製する。

希釈濃度

エッセンシャルオイルは植物の有効成分を濃縮してつくられたものなので、原則として原液では用いない。マッサージなど直接皮膚に触れる用途には、必ず希釈（薄めること）して使う。この希釈に使う材料を基剤、またはキャリアオイルといい、植物油を用いる。

希釈濃度（キャリアオイルに対するエッセンシャルオイルの比率）は欧米では比較的高い数字が紹介されているが、日本人の場合は、経験や肌質の面を考慮して、0.5〜1.5％を目安にするとよい。

保存法

エッセンシャルオイルは揮発性があり、空気中の酸素と結びついて酸化が起きると品質が劣化するため、使用後は必ず密封保存する。また、光や熱によっても変質しやすいので、遮光性のある褐色のガラスびんに入れ、冷暗所で保管する。プラスチックの容器は変質する場合があるので避けた方がよい。

賞香期限

エッセンシャルオイルの有効期限は開封後約1年である。ベルガモットやレモンなどの柑橘系のタイプは約6か月、逆に、サンダルウッドやパチュリーのように、年を重ねるほど質がよくなる香木系のタイプもある。また、エッセンシャルオイルを植物油に希釈したマッサージオイルなどは2〜3週間以内に使用する。期限内でも、濁ってきたり香りが変わったら注意を要する。

（7）アロマテラピー

アロマテラピーとは

アロマテラピー（芳香療法）とは、ハーブ（薬用植物）や果実などから抽出した100％天然の精油（エッセンシャルオイル）の生体への影響を、生活のさまざまなシーンに積極的に取り入れたホリスティックな自然療法である。ホリスティックとは、たとえば肌に表れた不調をその部分だけのこととして捉えるのではなく、心、身体、肌の関連の中で表れる全体的なこととして捉えるという意味である。自然指向や健康に対する関心が強まる中、安全でしかも実用性とファッション性を兼ね備えた手軽な健康法として、わが国だけでなく欧米でも注目を集めている。

アロマテラピーの歴史

アロマテラピーという言葉をこの世に送り出したのは、フランスの化学者、ルネ・モーリス・ガットフォセである。研究中に手に火傷を負ってしまったとき、近くにあったラベンダーオイルに手を浸したところ、驚くほどの速さで完治したという彼のエピソードはあまりに有名である。このことをきっかけにして精油の研究を始め、1928年に発表した『芳香療法』という著書の中で、初めてアロマテラピーという言葉を登場させた。

しかしながら、精油を医薬として用いた歴史は、紀元前の古代エジプトにまでさかのぼる。多くの遺跡やパピルスに、現在の芳香精油の原型ともいえる香油の存在が記され、医療やミイラをつくるときの防腐剤、また化粧品として広く利用されていたことが記録されている。その後、ハーブ医学は発展を続け、17世紀には黄金時代を迎えるが、品質管理がむずかしくコストも高いため、近代医学にその座を奪われる。

たとえば、抗生物質の登場は、長い間人類が苦しんできた伝染病や感染症の恐怖から解放してくれ、人々の医薬品に対する信頼は絶大なものとなった。しかしながら20世紀も半ばを過ぎると、原因がはっきりわかる種類の病気から、ストレスや長期にわたる生活習慣の乱れといった目に見えない原因による心身症や成人病へと病気の質が変化してきた。そのため、病気になってから治療するのではなく、正しい日常生活を取り戻して病気にかからないようにする予防医学が大切となる。そこで、ストレスなど目に見えない原因にアプローチすることが可能で、副作用などの危険性がないアロマテラピーが再び注目されるようになった。

精油の作用経路

精油の有効成分を体内に取り入れるには二つの方法がある。一つは、香りを鼻から吸入し、脳に働きかける芳香浴。もう一つは、精油を植物油に希釈（薄める）して、それを皮膚から吸収させ、血液やリンパ液に送り込むアロママッサージである。

〈吸入のメカニズム〉精油は揮発性であるため、香りの分子は空気中を

第3章　生活環境と健康

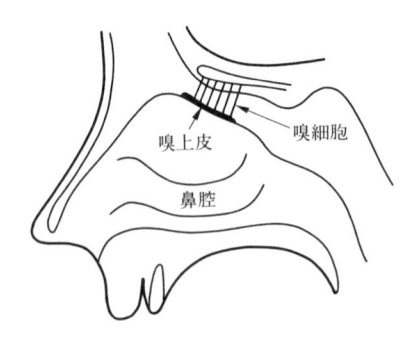

図3.4 嗅上皮の位置

漂い、鼻の奥の嗅上皮という部分に達する（図3.4）。香りはここで電気信号に変換され、大脳辺縁系へと伝わる。次いでこのメッセージは、海馬という記憶をつかさどる場所や視床下部の脳下垂体へと伝達される。脳下垂体は、自律神経系や内分泌系、免疫系の三つの大きなシステムを統合する生命活動の司令塔のような場所である。ここに香りのメッセージが伝わると、それぞれの香りに対応した生理活性物質（ある特定の作用を生体に引き起こす物質）が分泌される。たとえば、ラベンダーの香りはセロトニンという生理活性物質を分泌させるが、このセロトニンは神経系を鎮静させる物質であるため、ラベンダーの香りを用いることでリラックス効果が得られるのである。

〈マッサージのメカニズム〉一般的なマッサージの目的としては、

① 血液の循環を高める、
② 体をリラックスさせる、
③ 体に漂った水分や排泄物を取り去る、

の三つが挙げられるが、アロマテラピーのマッサージは、これらに加えて精油の効用がプラスされる。精油は、それ自体が油であるので皮膚の脂質となじみやすく、また、分子量が比較的小さいため、容易に細胞と細胞の間から皮膚の深部へと浸透し、毛細血管やリンパ管に入り、全身をめぐる

循環に乗る。同時に、マッサージという物理的刺激が浸透と循環を促す。また、アロママッサージをした場合、鼻からも香りを吸入することになるので、皮膚からの外的効果ばかりでなく神経系を介しての内的効果も期待できる。

たとえば、ストレスによってこわばった筋肉の緊張を解きたいとき、ラベンダーオイルを用いたとする。そのラベンダーの香りが心に解放感を与えて体の緊張も解き、一方、マッサージで直接体に触れることによって心もリラックスできる。つまり、アロマテラピーでのオイルマッサージとは、嗅覚刺激と触覚刺激を同時に行うことで心身によい効果をもたらす方法である。このようにして体内に入った精油は、最終的に腎臓を経ての尿、皮膚からの汗、肺からの呼気という三つのルートで体外に排出される。

(8) 生活におけるアロマテラピーの楽しみ方

芳香浴

家庭や職場などのさまざまな生活空間で、香りを楽しんだり、心の不快な症状を軽減することを目的とする。精油を自分自身あるいは家族や仲間どうしで手軽に楽しむ方法として、アロマポット、ディフューザーなどを用いた室内芳香の他、吸入、入浴、湿布などがあり、目的や状況によって使い分ける。ただし、直接精油を皮膚に塗布したり飲んだりすることは危険なため、避けるべきである。また、疾病やその治療方法、使用薬などとの関連で適さない精油や、妊娠中の禁忌事項も知られているので、その取扱いに関しては、安全面などの基礎知識を身につけて行うことが大切である。

アロマテラピーサロン

アロマテラピーサロンは、アロマテラピーの施術を受けて心身の不調を軽減し、美と健康を維持・増進することを目的とする。アロマセラピストは、クライアントの訴える症状やニーズに合わせて、精油（通常は3種類前後の精油をブレンドする）とキャリアオイルを選択し、それをクライア

表3.9 アロマテラピー施術でよく用いられる精油

クライアントの訴え	1位	2位（or 1位）	3位（or 2位）
1位 肩こり	ラベンダー	マジョラム	（ローズマリー）
2位 むくみ	サイプレス	（ジュニパー）	ゼラニウム
3位 冷え	ゼラニウム	ローズマリー	マジョラム
4位 ストレス	ネロリ	（ベルガモット）	ラベンダー
5位 生理痛	クラリセージ	ラベンダー	ゼラニ・ローズ
6位 生理不順	クラリセージ	ゼラニウム	ラベンダー
7位 不眠	ネロリ	ラベンダー	ローズ
8位 憂鬱	ローズ	フランキンセンス	（ネロリ）

日本アロマテラピー協会『1999年度調査』より改変

ントに提示し、了解を得てから施術に用いる。（表3.9）施術はホホバ油、スィートアーモンド油などの植物性油で精油を希釈したブレンドオイルで行う。この場合、精油の芳香とタッチング（ハンドマッサージ）による深いリラクゼーションは、心身を開放してストレス性の肩こりや頭痛などの症状を軽減する。また、肌質や肌の状態に応じて精油とキャリアオイルを選択することにより、保湿、ひきしめ、血行促進、皮膚分泌コントロールなどの効果が得られる。

(9) 医療の一環としてのアロマテラピー

過激な精神的ストレスが引き起こす心身症などの疫病は、その原因がまちまちであり、原因を特定して処置、投薬する近代西洋医学的な治療では治りにくいといえる。たとえば、心因性の胃潰瘍の場合、薬は胃潰瘍そのものの症状を抑えることはできても、胃潰瘍の原因は治せない。そこで、患者の精神的ストレスを軽減したり、疫病による痛みや苦痛をコントロールするなど、闘病への不安を取り除くことの重要性がクローズアップしている。

アロマテラピーを取り入れたホリスティックなチーム医療が、心療内科、産婦人科、ターミナルケア、老人介護などの分野で始まっている。

3.3 生活の中の音楽

(1) 音楽の癒し

　　　耳を通じて（清岡卓行）
　　心がうらぶれたときは　音楽を聞くな。
　　空気と水と石ころぐらいしかない所へ
　　そっと沈黙を食べに行け！　遠くから
　　生きるための言葉が　谺してくるから。

　音楽の癒しについて書こうとしているのに、いきなりこういう詩から始まり、さぞ驚かれた方も多いと思う。筆者は、心が沈んでいるときに、すぐに心を明るくしてくれるような音楽をCDか何かで聞こうとすることが、いつの頃からかなくなったのである。音楽を聞くことで、何か安易に本質的なことから少し逃避しようという気持ちがあると思うことがよくあるのに気づいたのも、その理由の一つである。そういうときにクラシック音楽愛好家の清岡卓行の詩に出会ったのは、一つの啓示のように思えた。
　たとえば、自分の悲しみや寂しさをまぎらわすために酒を飲むと一時的に気持ちが高揚するというようなことが、音楽にもあるのではないだろうか。清岡卓行が、空気と水と石ころぐらいしかない所へ行って、そっと沈黙を食べろといっているのは、一時しのぎの慰めでなく、本当に生きるための言葉を聞くためなのだ。そういう場所に自分を置き、沈黙を食べなければ生きる言葉は聞こえないという詩に筆者は強い共感を覚える。そして、孤独の中に自分を置くことでしか生きる言葉が聞こえてこないということに、筆者は宮沢賢治の『セロ弾きのゴーシュ』のテーマにつながるものを感じる。
　ゴーシュという言葉には無器用という意味があるといわれているが、彼

は小心者でありながら荒っぽさももち合わせている。この荒っぽいところは動物たちを相手にしているときしか現れなかったが、ゴーシュは人前ではいつも緊張と自信のなさでおどおどしているのだ。練習場で彼は悲しくみじめで、練習の最後に「おいゴーシュ君。君には困るんだなあ。表情ということがまるでできてない。怒るも喜ぶも感情というものがさっぱり出ないんだ。それにどうしてもぴたっと外の楽器と合わないもんなあ」と皆の前で叱られ厭味を浴びせられて、ただただうつむくばかり。「感情がさっぱり出ない」といわれても、彼は自分の感情を押し殺すことでやっと生きている状態なのである。誰もいなくなった練習場でさめざめと泣くゴーシュ。『銀河鉄道の夜』のジョバンニも、汽車から身をのり出して泣く。賢治の作品の主人公たちは孤独にうちひしがれている者が多い。町はずれの水車小屋にひとり帰ってゴーシュは考え考えセロを弾き続ける。

　この時扉をたたくものがいて、動物たちの四夜が始まる。猫は先生の音楽を聞かないと眠れないといい、次にカッコウがドレミファの音程を習いにくる。狸の子はゴーシュはいい人だから行って習ってくるように父親にいわれて……。4番目に野ねずみの親子がゴーシュの演奏で病気を治してもらいたいとやってくる。ゴーシュのおかげで兎のおばさんも、狸のお父さんも、また意地悪のみみずくまで治ったのでと懇願される。

　こういう四夜の繰り返しの中で、彼の音楽は変貌する。何か知れない解放が起こったのだ。彼はそれに気がつかない。音楽会当日の嵐のような拍手の中でも彼は気がつかない。動物たちもゴーシュの成功を誰も知らない。動物たちは演奏会に来て応援したわけではない。彼らは勝手に来て出ていったのである。すべてはばらばらに動いていて交差することがない。ゴーシュのセロの音が床下に集まってくる動物たちの病気を治していたように、人間の世界で馬鹿にされていたゴーシュが動物たちと会話をし、音楽の感動を教えられたのは、ゴーシュが果てしなく孤独だったからだと筆者は思う。

　これは、清岡卓行の詩の、一見音楽の癒しを否定するように見えながら

実は生きる言葉を聞くための厳しい姿勢なのである。

　何年か前に母をなくしたとき、それまで年に6、70回も行っていた音楽会をぱたっとやめてしまった。気持ちの上で音楽会に行けなかったのである。そういう音楽会を断った日々に、風や雲の流れる音、木の葉のそよぎなどの自然の音や日常生活のさまざまな音に、生きている言葉が聞こえてくる思いがし、少なからず癒しというものを実感したのである。

　作家の高見順は、死の直前の日記に、体が衰弱して本を読む気力がなくなり、音楽ならと思って聞いてみたが、やはり駄目だったと記している。それは、高見順の聴覚が衰弱したのではなく、聴覚が受け取ったものを自分の内部で意味のある言葉で再構成する精神の能力が衰退したことを意味しているのではないだろうか。筆者が母をなくしたときの心理も同じようなものだったのかもしれない。

　音楽評論家の遠山一行は、ヨーロッパのクラシック音楽は他者との出会いだといっているが、音楽だけでなく、我々が芸術を鑑賞するというのは他者の世界に触れることを意味しているともいえよう。他者の心を意識することによって自分の姿を意識する知的な喜びといってもいいだろう。我々が他者を本当に理解できるかについては問題はあるが、それを理解しようとする努力や営みの中に、芸術そのものの意味があると考えられないだろうか。

　さて、クラシック音楽の虜になった高校時代、筆者の最も愛唱した曲の中に、シューベルトの歌曲「音楽に寄せて」があった。

> 優しい芸術よ、あまたの灰色のとき
> 人生に容赦なくわずらわされた時に、
> 私の心に暖かい愛の火をつけ
> より良い世界に運んでくれるだろう！
> あなたの堅琴から流れ出ずる溜息が
> あなたの甘い清らかな諧音が

しばしば私により良い時を開いてくれた
優しい芸術よ、私はあなたに感謝いたします　（筆者訳）

今の筆者にとっては少しロマンティックに思えるが、この詩の中に現世を超えた大きなものの存在を感じざるをえない。このことが、音楽が我々の心や精神に絶えず力や自信、そして勇気を与えてくれることも確かであると思う。この歌曲よりずっと以前に、シェイクスピアは『ロミオとジュリエット』の中で仮死の状態におちいったジュリエットにこう歌っている。

鋭い悲しみに心痛み、
沈痛な憂愁に心しめつけられるとき
音楽はその銀の調べで
すみやかに癒しの手をさしのべる。

このように古今東西、音楽が癒しとなる言及は枚挙にいとまがない。
　筆者にとって、清岡卓行の詩も、シューベルトの「音楽に寄せて」や『ロミオとジュリエット』の音楽の癒しを信じる思いもともに真実なものと思える。

（2）　環境音楽

筆者には、京都下鴨に小さなマンションがあるが、時々帰洛するとき、大通りでバスを降り、ほんの数十メートル奥に入っただけで非常に静かな環境があることにいつもひそかな喜びを覚える。そういう京暮らしのある日、1冊の本との出会いが京都にいだく愛着を決定的なものにしてくれたのである。それは中川真の『平安京　音の宇宙』（平凡社）である。著者によると、平安京こそが、中国の音の思想を受容し、中国的な都市の造営計画を取りいれたものだという。また、『教訓抄』（1233）では、管弦は単なる音現象ではなく、方位や色彩などと関連しながら世界が開示されるというのだ。中国には五行思想があり、森羅万象の生成変化を説明するコス

モロジーで、木火土金水の五気によって万物が生成し、変化していくという考え方である。

それで中川さんは、京都の寺院の梵鐘の録音、音高、配置などを丹念に調べていく。すると、京の西方の神護寺で平調、北方の大徳寺で盤渉調、東方の高台寺、清水寺で上無調、知恩院で下無調、そして西方の西本願寺で壱越調甲というように、平安京の梵鐘は五行の法則と合致しながら広大な空間を包みこむように配置されているというのである。

これらの梵鐘の音は、広い京都の町に六時の作法、つまり晨朝、日中、日没、初夜、中夜、後夜の刻を知らせるのに鳴り響いていたのである。現在の京都とは比較にならないぐらい静かだった平安京の町なかに、こういう思想のもとに配置された東西南北の寺院の日に6回の鐘の音は、たとえようもないほど見事な音空間をつくっていたことであろう。

『徒然草』の第220段には「およそ、鐘の音は黄鐘調なるべし」と書かれている。また『枕草子』第73段には「冬の夜いみじう寒きに、うづもれ臥して聞くに、鐘の音の、ただ物の底なるやうに聞ゆる、いとをかし」とあり、清少納言は、五行思想に基づくものとして梵鐘の音を聞いているというより、もっと即物的なニュアンスで聞いていたようである。清少納言は、いく度となく書いているように、牛車の音やホトトギスの方をより身近な音と感じていたと思われる。

この『平安京 音の宇宙』を一読して以来、この平安京の梵鐘システムは、筆者にとって気宇壮大な環境音楽の原点ともいえるものになったのである。

我々日本人は昔から間を大切にしてきて、それが日本独特の文化をつくり出してきたといわれる。間には時間と空間がある。たとえば『枕草子』の冒頭「春はあけぼの、やうやうしろくなり行く」。「春は」の次に間があることによって、我々日本人は春が美しいのはあけぼのという言外のニュアンスを感じるだろう。ちなみに『枕草子』の英訳本にはbeautifulとはっきり出ている。中世の古典には、音に対する敏感な言及が多いのに驚かさ

れる。清少納言は夜の音、物を隔てて聞こえるさまざまな音や気配に寄せる強い共感を記している。

そういう鋭い聴覚から、当時の非常に澄みわたった静寂な環境があったことが想像できる。梵鐘をとっても、ヨーロッパの教会の鐘のように連続して鳴らすのと違い、一つの音が消えた後の沈黙や余韻を日本人が好んできたといえよう。

ヨーロッパやアメリカでは、虫の音に耳を傾けることはあまりないようだが、日本人は古代から鈴虫、松虫、カネタタキなどを好んできたのも、間にひかれる国民性の表れでもあろう。

京都の庭にはよくししおどしがある。あの庭にしつらえてある仕掛けは、竹が石を打った音の後の静寂さを我々に強く意識させてくれる。静寂をかもし出す見事な演出である。芭蕉の古池や蛙とびこむ水の音も、蛙が飛び込んで生じた水の音の後にかもし出される静寂に焦点を当てていると考えられる。

こういう伝統は、先年なくなった作曲家武満徹の作品にも強く受けつがれている。武満徹は、静寂の中にこそ音を聴き出せるのだと考えていたようだ。武満徹の作品の中からは、花や木の精や地の霊たちがこちらに語りかけてくるような思いがする。その中にはなやかな音も聞こえる。そういう音も、世の中の騒音にいつも捕らわれていたらまったく聞こえてこないのではないだろうか。そういう意味で、先述した清岡卓行の詩のように、沈黙を食べることによって生きるための言葉が聞き取れたのだと思う。

最近、『芦川聡遺稿集　波の記譜法』(時事通信社)の中に次の一文を見つけて我が意を得たりと思った。「環境には、たった1音だけあればいいかもしれない。つまるところ音を出さないこと、つまり静寂をデザインすることができたらすばらしいと思っている」。以前、20世紀のアメリカの作曲家ジョン・ケージの「4分33秒」の生演奏を聞いたことがある。その日ピアニストは譜面台に楽譜を広げたが、一向にピアノを弾こうとしない。そのうちに場内からせき払いやささやき声、空調の音などいろいろ聞こえ

てくる。かなりたってピアニストは何事もなかったように立ち上がり、一礼して下がっていく。この間(かん)が4分33秒だったのだろう。この作品は筆者にいろいろなことを考えさせるきっかけをつくってくれた。音楽は沈黙だけから成り立っているのだとも考えられる。また、森羅万象の中に起こる音すべてを音楽と見ているとも考えられる。

ところでカナダの作曲家シェーファーは、音環境をサウンドスケープという視点から捉えることを提唱し、運動を展開している。サウンドスケープは"音の風景"と訳すことができるだろうが、これは、都市空間をはじめ、あらゆる環境の中で不愉快な雑音が我々の生活を害するようになった現在、音環境を含めて生活のすべての面で快適性を高めたいという社会的ニーズの表れであろう。

日常生活を妨げる音をできるだけ防止するために、その場・時間・状況に応じて適切な環境音楽が流されている。環境音楽は、快適性を音環境の中に取り入れたものといえる。現代の文明は騒音をますます増大させているが、同時に最新の技術によって発生騒音を少なくする努力も大いになされるだろう。

しかしながら、我々は生活の中で、環境音楽と考えてかえって不必要な音や音楽を流しすぎていないだろうか。いや、たれ流しているといってもいいぐらいだ。ドイツの大指揮者カール・ベームは、筆者も何回となく来日の折に聴いているが、ある時東京のデパートのエレベーターに乗り、そこに流れていたドイツの古典音楽を聞いて非常に憤慨したそうである。いとも安易にクラシック音楽が東京の町中に氾濫していることにベームは業を煮やしたのだろう。遠山一行さんのような批評家がいう、「クラシック音楽は他者との出会い」という厳しいストイックな見方と現実は大きく違ってしまい、我々はあまりにイージーに音楽を氾濫させていると筆者は思う。そして、それが非常に商業主義と結びついていることが多いと筆者は危惧しているのである。

ジョン・ケージではないが、1日に4分33秒ぐらい森羅万象の音に耳を傾

け、そこから聞こえてくるものの中に生きている言葉や音を聞くことができれば、我々の音環境は大きく変化していくような思いがするのである。

(3) 生活の中での音楽の楽しみ方

　一冊の本との出会いが、その人の一生を左右するような大きな影響を与えることがあるとよくいわれるが、一つの曲との出会いについても同じことがいえるだろう。

　筆者は、中学一年のときに家が引越しをすることにより、東京や市川の都会から初めて茨城県は筑波山麓の山村で暮らすことになった。すべてにおいてそれまでの生活とはあまりに違うので、なかなか適応するのが大変だった。その家には電気も来ていず、見えるものといったら筑波山系の山なみと家の近くの雑木林や草地ぐらいだった。できることといったら、手当たり次第家にあった本を読みふけること。そういうとき、自分で鉱石ラジオをつくり、竹竿を2本立ててアンテナにして、本当にかすかに耳に当てたレシーバーに響く東京の放送局の番組を聞いた。電気もなく新聞も来ない山の家で、この鉱石ラジオだけが社会や世界につながっている唯一の文明の利器に思えた。

　そんなある日、ラジオから聞こえてきた音楽にすっかり引きつけられた。それはベートーヴェンの交響曲第5番だった。「運命」といわれるその曲に筆者は息もできなくなるほど心を揺さぶられ、あまりの感動に涙がとめどなく出た。放送が終わると、その演奏はフルトヴェングラーの指揮するベルリンフィルハーモニーだということだった。その時思ったことは今でも鮮明に思い出せる。「世の中にはこんなにすばらしいものがあるんだ」。

　この瞬間から筆者の中に音楽に対する深い畏敬の念と憧憬がわき起こった。やがて自転車で往復3時間かかる町の高校に通学するようになり、東京から移ってきた都会的な顔立ちの同級生と親しくなった。何回か一緒にバスを待っているときに、近くの民家からラジオの音楽が流れてきた。するとその友人は、「あれはドビュッシーの何々という曲で、演奏はスイス

ロマンド管弦楽団だよ」と教えてくれた。たちまち筆者はその友人に尊敬の思いをもった。

　夏休みが始まるころ、友人は東京に移っていった。そして、筆者も2学期になると学校に行かなくなってしまった。家に閉じこもる日々、筆者は鉱石ラジオから聞こえてくるかすかな音でむさぼるように音楽を聞いた。そして聞いた曲を必ずノートに書いた。その不登校の日々、音楽を聞くことと本を読むこと、そして東京に行ってしまった友人との葉書のやり取りが続いた。学校に行かず、将来の見通しなどまったくない暗雲がたれこめている暗い日々に、山の中の一軒屋の近くで鳴く鳥たちや虫の声、そしてラジオの音楽は何よりの救いであった。音楽を聞くことで大きな生きる力を与えられていたのである。

　一年遅れで学校を出て、我が家はその村を離れることになった。親しかったもう一人の同級生が、また都会生活が始まった筆者に東京交響楽団の切符をプレゼントしてくれた。生まれて初めて生で聞いたのはシューベルトの「未完成」と、ベートーヴェンの「運命」だった。目の前で聞くオーケストラの音は本当に美しく、また迫力があった。その時以来筆者にとって、音楽は生で聞きたいという思い一色になった。

　こうして音楽にのめりこむようになった筆者だが、ある時、マーラーの長大な交響曲に圧倒され、心地よい余韻にひたりながら家路についた。家の近くに来ると、竹林の竹の葉が夜風にそよいでかすかな音をたてている。その時、今聞いてきたマーラーの音楽の感動が一瞬に消えてしまうほど、そのかすかな竹の葉の音が心に沁みた。こんなに小さな自然のかなでる音が自分に深い感動を与えてくれたことに、目から鱗がおちる思いがした。

　それ以来、さまざまな自然の音に耳を傾けることが、音楽会に行くことと同じくらい筆者の生活に大きな比重をもつことになった。旅行した折など、見知らぬ町に着き、その町のかもしだす音に耳を傾けていると、その町ならではの音があることに気がつく。それは、その町の景観と同じく町のサウンドスケープをつくっている。その町の音からその町に愛着をもつ

ようになることが数多くあった。

　ある時山里の村を歩いていたら、ちょうど旧暦の七夕のころで、農家の庭先の小さな竹に子供が書いた短冊が夕方の風にはためいていた。この小さな音にも何か住んでいる人たちの豊かな心が感じられた。そうして旅行する楽しみの一つに、いろいろの音との出会いが入るようになった。そう、武満徹ではないが、一つの音に世界を聴く思いがして、日常の音を楽しむことがいつしか身についたのである。

　ある人にいわれたことがある。「そんなにしょっちゅう音楽会に行くのは、経済的にも時間の点でも大変な負担がかかるでしょう？　それに、自分の席の近くにセキがとまらない人がいたりマナーの悪い人なんかがいたら、音楽に集中できないから、自分は音楽会に行くお金があったらCDを買って、家でコーヒーでも飲みながら聴いている方がずっと楽しい」と。そういう気持ちもわからなくはないが、筆者にとって、音楽はいろんな人たちと一緒に同じ会場で聴くという連帯感、そして、その瞬間瞬間に音楽が生まれていく、その場に立ち会っているということが大切なのだ。演奏家も聴衆も、創造の場に一緒にいて、創造という共同作業をしているのだ。音楽会に行くという行為は、決して受身なものではないと思う。

　19世紀のアメリカの女流詩人、エミリ・ディキンソンに次のような詩がある。

　　人が言葉を言った時
　　言葉は死んでしまうと　人々は言う

　　私は言いたい　その瞬間から
　　言葉は生き始めるのだと　　（筆者訳）

　これは言葉を音楽と言い換えてもよい。音楽も、今消えた瞬間から生きはじめる。そういう経験を筆者は数えきれないほどもっている。なにも超

一流の音楽家たちの演奏だけが、我々の心をうつとは限らない。いつかも、駅のホームのベンチで若い母親が小声で赤ん坊に歌っていた「今日は　赤ちゃん」に、カール・ベーム指揮するウィーンフィルハーモニーの演奏に勝るとも劣らない感銘を受けたことがあるのである。

ところで、最近のクラシック音楽の世界にはびこる商業主義には、筆者も目を覆いたくなることがよくある。大きなホールで客寄せにいつもポピュラーな曲ばかり組むことも目立つ。

今から20年ほど前、たまたま借りることになった北軽井沢の茅葺きの家で、大きな木々に囲まれ色とりどりの野の花が咲き乱れる中、小さなホームコンサートを開くことを思いたった。自分の敬愛する音楽家の方たちに来て泊まってもらい、演奏を聞こうというものだ。最初はいろいろ面倒だったり不安があったりしたが、音楽家の方々は皆、実に真摯な態度で演奏をし、一つひとつの音楽会に忘れがたい感動を残してくれた。ほんの数メートル先で音楽が生まれる瞬間に立ち会うのはなんとも魅力的である。

昼間演奏家の人々が練習していると、野鳥が近くに来て鳴きはじめることもあった。中学生のとき、ベートーヴェンの「運命」に感動して以来の夢だった、自分で企画し、演奏家と交渉し、一緒にプログラムを相談するコンサート。そして、かけつけてくれたお客さんと演奏家を囲むようにして聴く小さなホームコンサート。こういうささやかな夢がかなえられて、はや34、5回となるが、入場料など一切なしで続けてこられたのも嬉しい限りである。

聞くところによると、生前遠藤周作もホームコンサートを開いていたようである。遠藤さんの家で演奏した方が筆者のところでもすばらしい音楽を聞かせてくれたのも嬉しかった。まだ音楽大学の学生だったころに演奏してくれた人たちが、今や一流の演奏家になっているのも嬉しい限りだ。こういう身近な家庭音楽会がもっと日常的なものになればどんなによいかと常々思う。

生活の中での音楽の楽しみ方は、十人十色いろんなものがあっていい。

筆者も、今後とも自分なりの楽しみ方で音楽とともに生きていきたいと思っている。

第4章　食品と健康

江口文陽（4.1(1)〜(6)）
吉本博明（4.1(7)）
大賀祥治（4.2）

第4章　食品と健康

4.1　食品とその用途

(1)　食品素材とその活用法

あらゆる疾患の克服は私たちの願いである。その疾患の発症にはすべて要因（病因）があり、二つに大別することができる。第一が遺伝性・家族性素因であり、血縁関係が強い両親や祖父母にある種の遺伝子による伝達系疾患の者がいた場合、その肉親と同じ疾患を発症する遺伝的リスク率は高くなるといえる。アメリカ合衆国などの遺伝子診断医学の先進国では、血液などの生体材料から遺伝子本体を抽出し、DNA塩基配列のレベルで変異や欠損から疾患発症リスク率を算出し、その数値によっては、

① 疾患原発部位となる組織や器官の切除術
② 短い期間での検診による発症の早期発見
③ 疾患発症予防のための新薬などの処方

などが医師・遺伝子カウンセラーとの綿密なカウンセリングの後、患者本人によって選択実施されている。

その他にも、疾患の発症が予知された個人は、二つ目の疾患発症要因である環境因子に注意を注ぐことが一般的である。環境因子とは、ストレッサー、運動、飲酒、喫煙そして食生活などである。たとえば、糖尿病や高血圧症はその遺伝性素因とともに食事内容などの環境因子が発症比率を大きく左右することから、一般食材の栄養管理とともに栄養補助食品および機能性食品などの摂食を心がけている人が多いといえる。まさに食品は、健康な体づくりのための源であり、古く中国の宋時代には、「食医」が国家民衆の健康増進を支えていた。食の科学の追求は、疾患の予防と治療に大いに貢献をするものであり、食品素材とその活用法は、21世紀型の相補代替医療による重要な研究課題であると考えられる（図4.1）。

4.1 食品とその用途

```
┌─────────────────────────┐   ┌─────────┐
│ 21世紀型医療は予知医学の時代 │   │食医・疾医│
│ 医療費削減・寝たきりや生活習慣病の予防 │   │症医・獣医│
└─────────────────────────┘   └─────────┘
         │                        ↑
         ↓                        │
┌─────────────────────────┐   ┌─────────┐
│遺伝性・家族性による疾患予想│   │管理栄養士や│
│遺伝子診断を用いたリスク率算出│   │栄養士の活躍│
└─────────────────────────┘   └─────────┘
     ┌──┬─────────────────────────┐
     │対│疾患原発部位の組織や器官の切除術│
     │処├─────────────────────────┤
     │法│短い間隔での検診による疾患発症の早期発見│
     │  ├─────────────────────────┤
     │  │疾患予防のための新薬等の処方│
     │  ├─────────────────────────┤
     │  │食品や栄養素の正しい摂取法による│
     │  │生活習慣の改善による対処│
     └──┴─────────────────────────┘
```

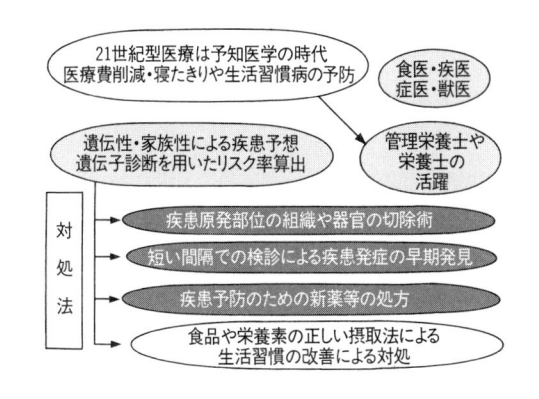

図4.1 疾患発症予防のための取り組み

(2) 食品の機能性を活用するには

　遺伝性素因をもち合わせない人であっても自らの健康管理に意識をもって行動する人は、病識がないまま年齢に関わらず発症する生活習慣病や老齢化に伴う機能低下からの「寝たきり」を予防するためなどに、多くの健康食品を利用する傾向が見られる。確かに、疾患に対する予防と治療法は医薬品だけでは特効的な効果は少なく、健康食品の活用が不可欠であることは明白である。しかしながら健康食品は、基盤となる一般的な食事のバランスを考慮して賢く活用することが大前提であることを忘れてはならない。

　一般的な消費者における健康食品の活用は、「食品」であるがために多量の摂食を行っても安全・安心であると認識している場合が多く、食品の機能が正確に理解されていないことが多い。このような状況下での健康食品の氾濫は体の代謝バランスを損ない、むしろ健康食品に対する「悪いイメージ」につながることにもなっている。付記する健康食品の中には、その摂食量が少なくても多くてもその食効が期待されず、中用量においてその効果を高く引き出す科学的試験結果がいくつも確認されていることを認識していただきたい。その具体例として、キノコ類のヒメマツタケ（アガリクス茸）の抗高血圧効果による結果を図4.2で紹介する。したがって、

113

第4章　食品と健康

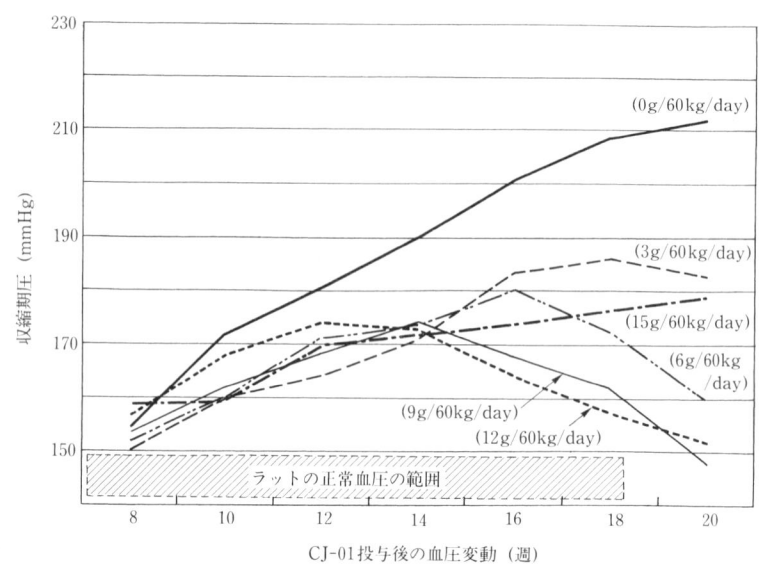

図4.2 ヒメマツタケの降圧作用と用量

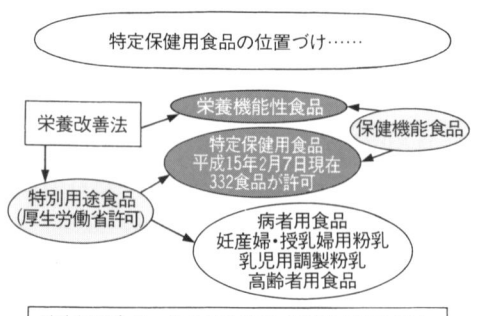

図4.3 特定保健用食品の位置づけ

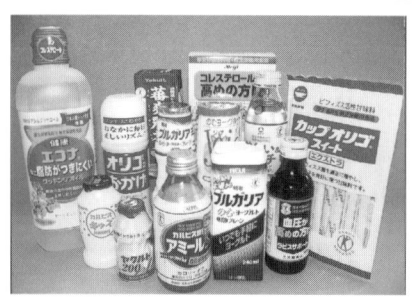

図4.4 特定保健用食品の製品一例

多くの類似した健康（機能性）食品からよりよい製品を選択する手段としては、製造販売者による最低限の用量試験が実施された結果と摂食用量を定めた科学的根拠の有無を消費者は確認し、利用する製品を決定することが必要といえよう。

(3) 特定保健用食品

一般に食品は、その摂食によって特定の健康効果が期待できるような表示をしてはならないこととなっている。しかしながら、健康の維持や増進に役立つことが前臨床試験（動物実験）、臨床試験（ヒト摂食実験）などによって科学的に確認され、その働きに作用する有効成分（関与成分）と安全性が確認された場合、国の審査によって「特定保健用食品（トクホ）」として、「この製品は○△を含み、コレステロールが高めの方に適した食品です」などのように保健用途を表示することが許可される（図4.3〜図4.4）。

「トクホ」とは別に、ビタミンやミネラルなどの特定の栄養成分が基準を満たしていれば、申請なしに栄養機能食品として「カルシウムは骨や歯の形成に必要な栄養素です」などと栄養機能を表示できるものがある。特定保健用食品と栄養機能食品の二つは総称して保健機能食品と呼ばれる。なお、特定保健用食品は、栄養機能食品とは異なって、病者用食品、妊産婦・授乳婦用粉乳、乳児用調製粉乳、高齢者用食品と同じ特別用途食品に含まれる（図4.5）。

これらの食品とは別に、財団法人日本健康・栄養食品協会が、カプセルや粒状の食品を、バランスのとれた食生活が困難なときの栄養成分の補給や、健康維持を目的として用いる健康補助食品として認定する制度もあり、協会の認定マークが表示された多くの食品群も市販されている。食生活の充実を目的としてこのような食品を有効に活用することも、21世紀のライフスタイルでは必要かもしれない。

ここに示した機能性を有する食品の原材料も、わが国では海外に依存し

第4章　食品と健康

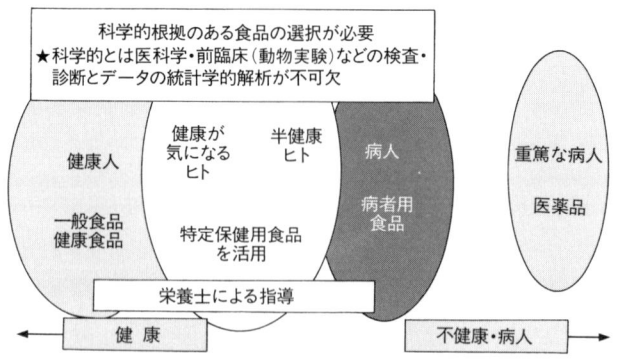

```
科学的根拠のある食品の選択が必要
★科学的とは医科学・前臨床（動物実験）などの検査・
　診断とデータの統計学的解析が不可欠
```

健康人　　健康が気になるヒト　　半健康ヒト　　病人　　重篤な病人
一般食品　　　　　　　　　　　　　　　　　病者用　　医薬品
健康食品　　特定保健用食品を活用　　　　　食品

栄養士による指導

←　健康　　　　　　　　　　　不健康・病人　→

図4.5　機能性（健康）食品と医薬品の関係

ていることが多いのが事実であり、輸入食品原材料等の安全性について続いて説明する。

(4) 流通される輸入食品の検査体制

わが国の食料の輸入額は、2000年が約461億ドルで世界最大の輸入国であり、その輸入物（食品）が海外で生産された時点、および流通の際の品質保持期間に対応するための処置後においても安全性が確保されていることはきわめて重要である。食品の安全性に関する試験（急性毒性や変異原性など）や健康被害を生ずる物質の定量に関する試験の技術は、機器分析の発達によって整備されつつあるが、ヒトの健康に被害をもたらす化学物質の数は一千万種類を超えており、これらすべての化学物質の代謝・神経機能に対する毒性を評価することは、輸入品の激増に伴って、時間的にも経済的にも困難となっている。

このような検査体制・システムとは裏腹に、消費者は、作物や食品に有害食品添加物、農薬、抗生物質、環境ホルモン、重金属が残留していないか、また、生産から流通加工までの期間が海外産は長くかかることから、ポスト・ハーベスト段階での安全性情報を正確に入手したいと考えている。しかし、情報開示量が不足していること、検査実施輸入食品の量がわずかであることから、安全性に対する不安は増幅されている。

4.1 食品とその用途

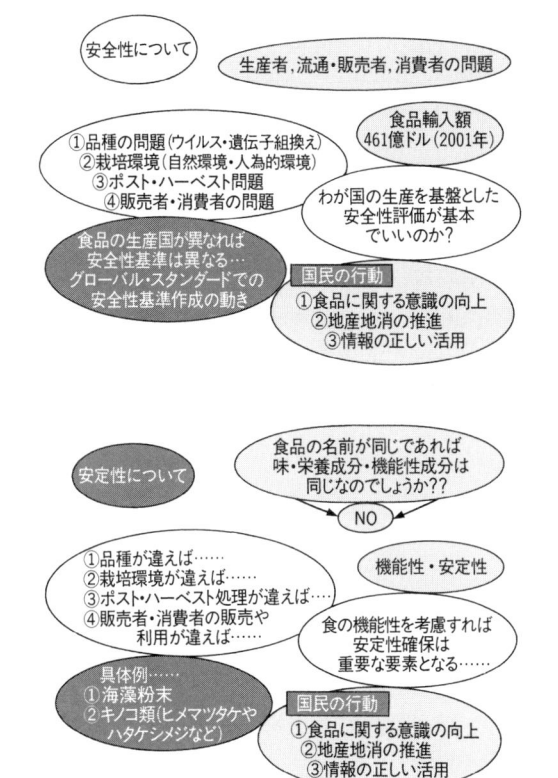

図4.6 食品の安全性に対する考え方

図4.7 食品の安定性に対する考え方

　わが国では、貿易ルールの検討にあたり、食品の安全性確保に最も高い優先順位を置いている。それとともに、WTO体制のもとでは、農産物の貿易自由化を促進するためグローバル・スタンダードで食品の安全性基準を定めようとする動きが活発化しており、その基準設定のための研究が進んでいる。しかし、輸出国は、安全性基準を緩やかにして食品・農産物の輸出拡大を図ろうとしており、現場レベルでの安全性確保の検査法には多くの課題が山積している。

　著者は、この問題を火急的に解決するための新しい安全性評価技術を、臨床栄養、薬理学、生産工学、分析化学の研究技術を駆使して展開する独

創的なシステムづくりに現在取り組んでいるが、その取組みこそが、消費者の不安を解消するとともに、国内で流通される食品の検査・検疫が現状以上に整備され、国民を食品による健康被害から守るものと考える（図4.6、図4.7）。

(5) 輸入食品から検出されたもの

現在流通されている食品の中には、健康被害や安全性に対する評価基準がないまま販売されているものも多い。これまでに著者が行った研究においては、健康食品として販売されていた製品（輸入ヒメマツタケ"アガリクス茸"）から、高濃度の重金属（カドミウム8ppm、ヒ素30ppm、水銀1.6ppmなど）や、わが国では使用禁止となっている特定化学物質に認定された有機塩素系農薬（クロルデン）が検出された。健康食品として消費者が認識して摂食している製品であれば、それは多くの場合、長期連続的に利用されることが考えられる。

この現況を放置することは、健康食品がヒトの健康増進ではなく健康を損ねてしまう元凶となることも危惧され、早急なる解決法の確立が必要である。さらには、加工処理した健康食品以外でも重金属や化学物質が検出された。その輸入食品とは生シイタケであり、最も高濃度であった製品でヒ素が2.98ppm、鉛が3.69ppm、カドミウムが1.79ppm、水銀が0.32ppmであった。生鮮食品としてのキノコは、わが国における一般的な生産工程ではここまでの重金属の生体濃縮はないと考えられていたことから、食品衛生法による重金属の残留基準値を設けていない。

しかしながら、著者が分析した重金属の値が食品として安全といえる程度のものなのかの判断基準はある。財団法人日本健康・栄養食品協会などは、シイタケ加工食品や米加工品などで自主的な残留基準値（ヒ素が2ppm、鉛が20ppm、カドミウムが1ppm、水銀が0.4ppm）を設けている。この基準を超える値が検出された生シイタケは、食品衛生学的には問題ありといえるであろう。さらに、国内のシイタケ生産者や消費者から、国産

シイタケに比べて輸入品は日持ちがよいとの指摘が多く寄せられたため、保存剤や殺菌剤について分析を実施したところ、輸入品からは、国産では検出されなかった安息香酸系の物質や過酸化水素およびパラフィンなどの使用が示唆された。これらの物質は、その残留性は重金属とは異なり、ポスト・ハーベストのための人為的な添加や塗布によるものと考えられる。

　その他にも今日、いろいろな化学物質が基準値以上含有および残留していた食品を流通販売したことを詫びる新聞記事が目にされることから、輸入食品の食品衛生問題が山積していることがわかる。これらの問題の解決には、国民一人ひとりの食に対する意識向上が不可欠である。

(6) 自給率向上と地産地消のすすめ

　わが国は、戦後の高度成長に伴って都市化、高速化、男女共同参画化が進み、一次産業に従事する人口比率が激減の一途をたどった。そして、それとともに生活スタイルが変遷し、食に関する考え方は大きく変化した。

　わが国では、人件費や流通コストの高騰から食品などの製品価格も高くなり、低コストで生産される海外の食品素材や製品がますます輸入されるものと推測される。日本への輸出国は、風土や生活習慣も大きく異なることから、環境基準、農薬の使用基準、さらには生産手法においても大きな相違点がある。

　環境基準の甘い国による作物生産は、産業経営活動において排出された各種廃棄物が自然環境下に拡散され、大気や土壌から作物や動物に生体濃縮して、重金属などが蓄積される。さらには、農薬ならびに流通過程でのポスト・ハーベストのための添加物質が、食品の品質管理を目的として利用される。その使用物質は、一般的なものから国内では一般化していないものも多くあり、その検出のためのシステムは現在のところ多くの問題を抱えている。この問題の解決には、消費者が個々の食品に対する品質や安全性への認識をもち、よい商品を選択する知識を養うことが必要である。

　食品に対する知識をもつことは、食材製品の一次機能（栄養）、二次機

能(感覚)、三次機能(生体調節)を追求することにもつながる。さらに、国内生産物の成分の安定性と安全性がいかに優れているかを認識することによって、生産地(者)と消費地(者)の顔がまさに近接した地産地消の形態が構築されるものと考える。

健康な体づくりは、食品素材の安全性(図4.6)=成分の安定性(図4.7)=栄養バランスが重要な要素である。この要素を基本的理念として生産された天然物由来の健康食品の一例を図4.8に示す。

図4.8 天然物を加工した健康食品の一例

(7) 有機JAS規格制度

我々の生活環境の中でも、毎日食卓にのぼる食と食材の問題は、最も関心の高い問題だと思われる。より美味しく、より安全で、さらに価格の安い食材を食べたいと思うのは、国民の基本的人権にも関わる大事な事柄である。ここでは、2001年に新しく創設された有機農産物の基準制度、有機JAS規格について見てみよう。

有機農業とは

有機農業や有機農産物という言葉はよく耳にするが、厳密な意味を知っている人は少ない。文字から受けるイメージとしては、化学肥料や農薬などの化学的に合成されたものを使わずに、有機肥料を使った安全な農業や作物のことだろう、となんとなく思われるが、実際は、有機肥料と化学肥料を併用したものや、農薬を使った有機農業も存在する。

有機農業は、もとは1970年代の生協運動から生まれた言葉であるが、当

表4.1 有機農産物ガイドライン

有機農産物	3年間以上、化学肥料、化学合成農薬を使わなかった農地において収穫された農産物
転換期間中有機農産物	6か月以上、化学肥料や農薬を使わなかった農地において収穫された農産物
無農薬栽培農産物	化学合成農薬を使用せずに栽培して収穫した農産物
無化学肥料農産物	化学肥料を使用せずに栽培されて収穫した農産物
減農薬栽培農産物	化学合成農薬の使用回数が当該地域で使用されている回数のおおむね5割以下の栽培方法によって生産された農産物
減化学肥料栽培農産物	化学肥料の使用回数が当該地域で使用されている回数のおおむね5割以下の栽培方法によって生産された農産物

初は無農薬を前提にしていたこの言葉も、生産者が試行錯誤を行う過程で、必要最小限の農薬を許容するグループなどさまざまな見解が出るようになった。その結果、有機減農薬などの中間的な言葉が生まれてきた。

このようにあいまいな状態が続いたために、消費者が混乱したり、一部の業者が、有機農産物の安全なイメージを逆手にとって、虚偽表示を行ったりして問題になった。その混乱を整理するために、農林水産省は、1992年10月1日、「有機農産物等に係わる青果物等特別表示ガイドライン(通称、有機農産物ガイドライン)」を施行した(表4.1)。

有機JAS規格とは

有機農産物ガイドラインは、政府が示した規格ではあるが、罰則規定があるわけではなかった。しかし、依然として混乱している有機農業や農産物の表示に対して、さらに厳格な対処を求める声に応じて、農林水産省は、1999年7月「農林物資の規格化及び品質表示の適正化に関する法律」、いわゆるJAS法(日本農林規格法)を改正し(改正JAS法)、2001年4月1日、有機農産物の規格(有機JAS規格)とその認証制度を施行した。

第4章　食品と健康

表4.2 有機JAS規格（有機農産物の日本農林規格「第4条 生産の方法についての基準」より）

ほ場等の条件	1 ほ場は、周辺から肥料、土壌改良資材又は農薬（別表1及び別表2に掲げるものを除く。以下「使用禁止資材」という。）が飛来しないように明確に区分されていること。また、水田にあってはその用水に使用禁止資材の混入を防止するために必要な措置が講じられていること。 2 次のいずれかによること。 (1) 多年生作物（牧草を除く。）を生産する場合にあってはその最初の収穫前に3年以上、それ以外の作物を生産する場合にあっては播種又は植付け前に2年以上（開拓されたほ場又は耕作の目的に供されていないほ場であって、2年以上使用禁止資材が使用されていないほ場において新たに農作物の生産を開始した場合にあっては播種又は植付け前1年以上）の間、以下に掲げるほ場等における肥培管理の基準、ほ場に播種又は植付ける種苗の基準及びほ場等における有害動植物の防除の基準に基づき農産物の栽培が行われているほ場であること。 (2) 転換期間中のほ場（(1)に規定するほ場への転換を開始したほ場であって、(1)に規定する要件を満たさないものをいう。）については収穫前1年以上の間、以下に掲げるほ場等における肥培管理の基準、ほ場に播種又は植付ける種苗の基準及びほ場等における有害動植物の防除の基準に基づき農産物の栽培が行われているほ場であること。 3 採取場は、周辺から使用禁止資材が飛来しない一定の区域で、農産物を採取する前の3年以上、使用禁止資材が使用されていないこと。
ほ場等における肥培管理	当該ほ場等（ほ場及び採取場をいう。以下同じ。）において生産された農産物の残さに由来する堆肥の施用その他の当該ほ場等若しくはその周辺に生息若しくは生育する生物の機能を活用した方法のみによって由来する農地の生産力の維持増進が図られていること（当該ほ場等若しくはその周辺に生息若しくは生育する生物の機能を活用した方法のみによっては土壌の性質に由来する農地の生産力の維持増進を図ることができない場合にあっては、別表1に掲げる肥料及び土壌改良資材のみを使用していること）。
ほ場に播種又は植付ける種苗	1 ほ場等の条件の基準、ほ場等における肥培管理の基準、ほ場等における有害動植物の防除の基準及び輸送、選別、調製、洗浄、貯蔵、包装その他の工程に係る管理の基準に適合する種苗（種子、苗、苗木、穂木、台木その他植物体の全部又は一部で繁殖の用に供されるものをいう。以下同じ。）を使用すること。ただし、通常の方法によってはその入手が困難な場合にはこの限りではない。 2 組換えDNA技術（酵素等を用いた切断及び再結合の操作によって、DNAをつなぎ合わせた組換えDNAを作製し、それを生細胞に移入し、増殖させる技術。以下同じ。）を用いて生産されたものでないこと。
ほ場等における有害動植物の防除	耕種的防除（作目及び品種の選定、作付け時期の調整、その他農作物の栽培管理の一環として通常行われる作業を有害動植物の発生を抑制することを意図して計画的に実施することにより、有害動植物の防除を行うことをいう。）、物理的防除（光、熱、音等を利用する方法又は人力若しくは機械的な方法により有害動植物の防除を行うことをいう。）及び生物的防除（病害の原因となる微生物の増殖を抑制する微生物、有害動植物を補食する動物又は有害動植物が忌避する植物等若しくは有害動植物の発生を抑制する効果を有する植物の導入又はその生育に適するような環境の整備により有害動植物の防除を行うことをいう。）又はこれらを適切に組み合わせた方法のみにより実施されていること（農産物に急迫した又は重大な危険がある場合であって、耕種的防除、物理的防除又は生物的防除を適切に組み合わせる方法のみによってはほ場等における有害動植物を効果的に防除することができない場合にあっては、別表2に掲げる農薬のみが使用されていること。）。
輸送、選別、調製、洗浄、貯蔵、包装その他の工程に係る管理	1 輸送、選別、調製、洗浄、貯蔵、包装その他の工程においては、有機農産物以外の農産物が混合しないように管理されていること。 2 輸送、選別、調製、洗浄、貯蔵、包装その他の工程において有害動植物の防除又は品質の保持改善に使用する資材は、別表2に掲げる農薬及び別表3に掲げる調製用等資材（組換えDNA技術を用いて製造されたものを除く。）のみであること。 3 病害虫防除、食品の保存、病原菌除去又は衛生の目的での放射線照射が行われていないこと。 4 生産された有機農産物が農薬、洗浄剤、消毒剤その他の薬剤により汚染されないように管理されていること。

改正JAS法には、有機農産物の

① ほ場の条件
② 肥培管理
③ 種苗
④ 防除
⑤ 輸送・包装

等が定められている。簡単にいうと、農薬などが風で運ばれてきたり、水を通して流入しない田畑で（ほ場の条件）、肥料としては化学物質を含まない堆肥を使って（肥培管理）、遺伝子組換えではない種子を使って（種苗）、一部天然由来のものを除き農薬などを使用しないで（防除）、栽培された農産物のことである。また、運送や選別で通常の農作物と混ざらないように配慮をすることも求められている。（表4.2）

そして、この規格が生産者に遵守されていることを保証するために、農林水産大臣の認可を受けた第三者の認証機関（自治体、財団、農協、株式会社、NPOなど）が監視、認証することになっている。2002年7月21日現在、63団体が有機農産物ならびに有機農産物加工食品の認証機関に登録されている。

特筆すべきことは、罰則規定があり、

① 不正に有機JASマークを表示した場合は「1年以下の懲役又は100万円以下の罰金」
② マークを表示しなくても、「有機○○」と不正に表示して農林水産大臣の改善命令に従わない場合、50万円以下の罰金

に処せられる。

これは、改正JAS法制定に平行して進行していた、FAO/WHO合同食品規格委員会（コーデックス委員会）による国際規格に対応したもので、細部の違いはあるものの、基本的な考え方は、いわゆるグローバル・スタン

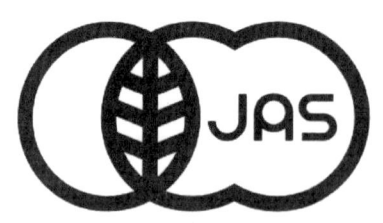

図4.9 有機JASマーク

ダードに沿ったものだといえよう。しかし、改正JAS法の対象者である生産者サイドから見た場合、さまざまな問題点が指摘されている。

有機JAS規格の意義とは

昨今、食品の不正表示や違法な添加物を使用した事件や、狂牛病などの事故が多発しており、消費者の安全な食物に対する意識とニーズは確実に高まっている。有機農産物においても、80年代の不正表示事件など、有機＝安全、美味しいといった商品イメージを逆手にとった問題が散見された。したがって、公平で信頼性を保証する制度は、現代の商品に必要不可欠なものであることは疑いようがない。

この点において、有機JAS規格は消費者に歓迎されている。もちろん、ニセモノ有機農産物の存在で、あらぬ疑いをかけられていた良心的な有機農業生産者にとっても、基本的には歓迎されるべきものといえる。

有機JASマークを見たことがあるか

しかし、実際に市場に目を向けてみると、有機JASマークを添付した農産物を見かけることはほとんどない（図4.9）。一部、加工食品で見かけることはできるが、これらはほとんどが国産ではなく外国産の有機農産物を使ったものである。現状では、有機農産物の絶対量が不足しており、市場に安定して供給されている状況ではない。現在、わが国の有機農産物の栽培面積は、全体のわずか0.1％程度で、さらに、認証を受けた有機農産物はこれよりはるかに下回るので、当然のことといえる。

2002年6月12日現在、有機認証を受けた農家戸数は3,639戸である。2000年度の販売的農家戸数が約233万7千戸なので、約0.1％の農家が認定を受

けたことになる。消費者サイドに立った厳格な規格ができたので、これを追い風に、今後日本産有機農産物が増えるという予想もあるが、現実はそんなに簡単なものではない。

日本の農業の現状

いうまでもなく、日本の農業は、産業として見た場合、斜陽化しているとしかいいようがない。日本の穀物自給率は、カロリーベースで見た場合、わずか40％と先進国の中で最低レベルである。多くの先進国が十分な自給率を維持し、なおかつ輸出品として重要な産業としているのとは雲泥の差がある。市場には安い外国産の農産物が並び、あまり産地を自覚することのない加工食品のほとんどは、外国産の原材料を使っている。

今後の日本の農業の動向を予測しても、生産者の高齢化が進み、生産面積・生産者数が著しく減少していることにより、自給率の回復は遠い道のりといわざるをえない。

頑張ってきた日本の有機農業

日本の有機農業は、他の欧米諸国とは違い特異な発展をとげてきた。1970年代に、生協運動と連動するかたちで始まった有機農業運動は、さまざまな軋轢にさらされつつも、産消提携、すなわち、農協や市場を介さずに消費者や消費者グループと直接契約を結び、いわゆる顔の見える関係をつくりながら、農作物を販売する流通形態を取り発展してきた。これは、英語でも TEIKEI で通じるまでに認知された日本独自の形態である。

しかし、これは、ある意味で日本の農業の特殊性故の苦肉の策ともいえる。日本は1戸の農家の農地が1か所に固まっておらず、モザイク状に配置されているため、有機農業に取り組もうとしても、水利用や地域の人間関係などの圧力によって、なかなか先に進むことができなかった。地域の社会的同調圧力に逆らいつつよりよい農業を志向していくことは、至難の業だったのである。

たとえば、地域で1か所の農地が農薬を使用しない場合、害虫発生の元凶と揶揄されたりした。当然、流通でも形が不揃いであるとか、量が確保

第4章 食品と健康

されないなど、市場側の理由で排除された。

それでも頑張って有機農業を今日まで続けてきた人たちは、目先の利益よりも安全や健康を優先したからである。一例を挙げれば、農薬（主として除草剤）による中毒死（自殺も含む）は、1986年で約2,600人、90年代はほぼ1,000人で横ばいである。交通事故死亡者が年間約1万人ということを考えてみると、いかに多いかがわかる。

それでも日本は有機後進国

有機JAS規格や環境保全型農業に政策転換が図られたことは、今までさまざまな軋轢の中で苦労を重ねてきた先駆的有機農業者にとっては隔世の感がある。しかし、産消提携で消費者と直接つながりながら流通を確保し、周囲の圧力に屈することなく、志を高くもって頑張ってきた日本の有機農業者だが、個々の努力を離れて地域あるいは日本全体を見渡したとき、やはり日本の有機農業は量的に零細といわざるをえない。

たとえば、オーストラリアは、世界の有機農業面積の実に50％を占めている。2002年7月現在の海外の有機認証機関は、オーストラリアが6、ドイツ、オランダがそれぞれ1機関である。他にも、中国、アメリカ、ニュージーランドなどは、日本の有機市場を狙って国をあげて取り組んでいる。これから市場に有機JASマークが定着する中で、日本の有機農産物の割合はかなり低いものになると思われる。

日本の農家は認証制度を乗り越えられるか？

有機JAS規格では厳しい管理が要求される。たとえば、隣の畑が慣行農法（農薬を使っている）の場合、緩衝地帯を設ける必要がある。これ自体不合理なものではあるが、いずれにせよ、規格を満たそうとした場合、栽培面積は減り、当然売上も少なくなる。ある試算では、10アール（1000㎡）当たり50万円ほど売上が減少すると計算されている。これは、販売価格の上昇や農薬費の削減などの有機認証を受けて得るメリットがあるとしても、人手による除草や営農記録の詳細な記帳などの作業の増加、肥培管理によっては単位当たりの収穫量が低下してしまうというデメリットを差し

引いて考えると、大きな負担である。

　家族経営を前提とした日本の農業経営構造では、認証を受けるメリットはあまり多くない。このことから、おそらく今後日本の農業は、企業化、大規模化を推進する方向に働くことになると思われる。したがって、現在の農家構造を前提とした場合、日本産有機農産物が市場に溢れる状況は想像しにくい。むしろ、今までかろうじて生き残ってきた小規模な有機農業生産者が、有機農産物ガイドラインに準じた無農薬や減農薬栽培へシフトしていくことだろう。

農村に遊びにいってみよう

　日本産有機農産物が、認証を受ける対象農家が少ないからといって、それでは、かつての農薬どっぷりの農業に戻るというわけではない。国際世論は、農業の環境負荷を食い止めようというコンセンサスでほぼ一致しているし、日本の政府は明らかに環境保全型農業に農法を誘導している。意欲のある生産者も、少しでも農薬の少ない、そして美味しい農作物をつくりたいと考えている。大事なことは、有機JASマークの有無に関わらず、よいものと悪いものを見分ける目をもつことである。たとえ、マークがなくても、無印のまま有機無農薬農産物をつくっている生産者もいることを知るべきだろう。

　もともとJAS制度は、市場で大量に流通される生産物について最低限の品質を保証するためにある。出自が目に見えない外国産有機農産物や加工食品においては、この制度は非常に有効だ。しかし、生産量の少ない日本産有機農産物については、当分の間期待することはむずかしいと思った方が賢明である。

　それよりもむしろ、地元の生産者とつながることを試してほしいものだ。産消提携は、なにも生産者の苦肉の流通策だけであったわけではない。「顔の見える関係」によって、農産物の生産過程と作り手の人となりがわかれば、これほど安心感のあるものはない。さらに、単にモノを買うということだけではなく、農村の文化や空気に触れることもできるようになる。

そこから得られるさまざまな経験は、きっと日本人の暮らしに彩りとゆとりをもたらしてくれるはずである。それは、真の意味での環境保全型農業を味わうことを意味する。そして、そこから消費者も生産者も成長し、結果として日本の有機農業の生産量を増やすことにもつながるのである。

4.2 菌食としてのキノコと生理活性

(1) キノコの歴史

史実

『日本書紀』にはキノコが登場する。そして、『万葉集』や『古今和歌集』でもキノコについて詠まれている。平安時代の『今昔物語』にはキノコの話が記されている。一例を挙げると、「尼僧たちが山で迷子になり、空腹になりキノコを見つけ、食べたところ踊り出した」、「藤原氏が谷底に落ちた際に、キノコの大発生を見つけて喜んで抱えていた」、「比叡山の僧侶が、キノコ中毒になりながらお経をあげた」などである。キノコが親しまれ、食用として、また幻覚材料として用いられていたようである。

『平家物語』、『宇治拾遺物語』、『古今著聞集』などにもキノコは登場する。その他の古い料理書にも、ヒラタケやシイタケなどのキノコ類が盛んに食材として取り扱われている。豊臣秀吉が聚楽第に後陽成天皇の行幸を仰いだ折にもシイタケが振舞われている。また、朝鮮出兵時には、肥前での懐石料理にシイタケやショウロの料理が含まれていた。親交の深かった前田利家の館を訪れた折にも、シイタケ料理が振舞われた。

いずれも、山野に自生する野生キノコを食べていたわけであるが、希少価値のある相当な贅沢品であったことが想像される。

栽培法

わが国のキノコ栽培では、シイタケが最も古い歴史をもっている。1600年頃に豊後（大分）や伊豆（静岡）を中心に人工栽培が開始された。原始

的な手法で、クヌギ、コナラ類の原木にナタ目を入れ、自然に浮遊する胞子の付着を待つといったものであった。豊後の源兵衛（図4.10）、伊豆の駒右衛門（後に豊後の岡藩に招聘される）らの名前が残っている。

1900年頃にシイタケ栽培に変革期が訪れている。田中長嶺が、菌糸の蔓延したほだ木を粉にして原木にふりかける人工接種法を考案した。楢崎圭三がこの方法の普及活動を行った。さらに三村鐘三郎によって、ほだ木の一部を原木のナタ目に埋め込む「埋ほだ法」が提唱された。1930年頃に、純粋培養法の基礎となる鋸屑種菌が森本彦三郎によって考案され、北島君三によって完成された。

図4.10 源兵衛の像（大分県・津久見市）

研究面では、西門義一の交配に関する業績が特記され、シイタケ菌の品種改良の基礎を築いた。そして、1943年に森 喜作によって「種駒」が発明され、現在に至っている。この種駒がシイタケ栽培の効率化に革命をもたらしたのは有名な話である。このシイタケ種駒の発明は、ノリの養殖法の発明と並んで、わが国の農学分野の2大業績と評価されている。

現在は、大部分が菌床栽培法を採用している（図4.11）。これは、木粉に数種の栄養分を添加して、殺菌後鋸屑種菌を接種して環境因子を制御して効率よくキノコを収穫するものである。シイタケだけは原木を用いる方法が続いてきたが、ここのところ菌床栽培の占める割合が急増して約6割

図4.11 シイタケの原木栽培（左）と菌床栽培（右）

表4.3 現在栽培されている食用・薬用キノコ

生活様式	商業生産
木材腐朽菌	シイタケ、エノキタケ、ブナシメジ、ヒラタケ、ナメコ、マイタケ、タモギタケ、クリタケ、ヤナギマツタケ、ムキタケ、ブナハリタケ、キクラゲ、ヤマブシタケ、マンネンタケ、ブクリョウ
腐生菌	ツクリタケ（マッシュルーム）、フクロタケ、キヌガサタケ、ヒメマツタケ（アガリクス茸）
菌根菌	なし（ホンシメジが成功）
寄生菌	なし（冬虫夏草を研究中）

図4.12 シイタケ *Lentinula edodes*

以上になってきている。

栽培種

表4.3に、現在栽培されているキノコの種類を示す。長い栽培歴を有し生産規模が安定しているのは、シイタケ（図4.12）、エノキタケ、ブナシメジ、ヒラタケ、ナメコ、マイタケ、ツクリタケ（マッシュルーム）である（図4.13）。このほか、林野庁の統計に計上されているキノコとして、タモギタケ、キクラゲ、マツタケがある。さらに、最近注目を浴びているキノコとして、エリンギがある。

最近、新しいキノコが次々に栽培化されるようになってきた。ヌメリスギタケ（図4.18、図4.44）、ハタケシメジが商品化されている。また、ヒメ

図4.13 代表的な栽培キノコ　A：エノキタケ *Flammulina velutipes*、B：ブナシメジ *Hypsizygus marmoreus*、C：マイタケ *Grifola frondosa*、D：ナメコ *Pholiota nemeko*

マツタケ（アガリクス茸）やヤマブシタケが薬効を期待されて需要が伸びている（図4.14）。この背景としては、単に食材としての位置づけよりも、健康食品としての期待度が高いように思える。キノコは、生活習慣病、免疫力増加などに対するきわめて優れたものとして認知されるようになってきている。

　マツタケは、生きたマツ科の樹木の細根と共生して、自然環境が整った時点でキノコを発生する。これまで多くの研究がなされてきたが、残念ながら人工栽培の方法はまだ確立されていない（図4.21）。ホンシメジも同じ仲間であるが、最近人工栽培に成功したとの学会発表がなされた。これらは菌根菌と呼ばれる一群であるが、遺伝的に、人工栽培可能なシイタケ

第 4 章　食品と健康

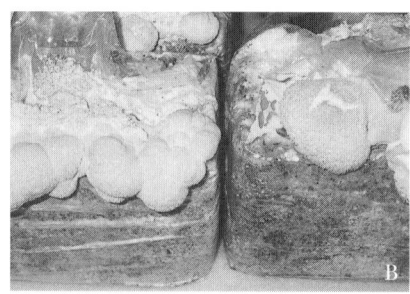

図4.14 薬用キノコ　A：ヒメマツタケ（アガリクス茸）*Agaricus blazei*、B：ヤマブシタケ *Hericium erinaceum*

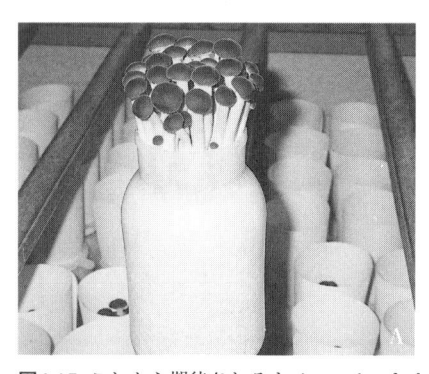

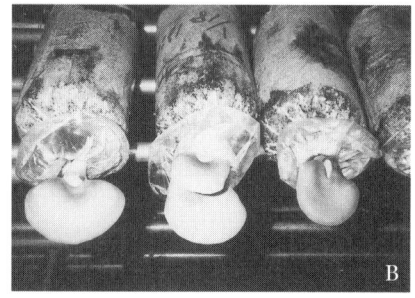

図4.15 これから期待されるキノコ　A：ヤナギマツタケ *Agrocybe cylindracea*（ヤナギなどの広葉樹に生育して、食感がマツタケに似るが別種）、B：クロアワビタケ *Pleurotus abalonus*（標準和名と種名のアバロナスは、アワビ abalone に似たコリコリ感に由来している）

などのような木材腐朽菌の性質に近いものがあるようである。近い将来、マツタケの人工栽培の糸口が解明されるかもしれない。別の観点から、これら菌根菌は森林の健全な環境維持に大きな役割を演じていることが知られている。環境破壊が叫ばれている中で、近年これら菌根菌の果たす機能に対する評価が高まっている。

　キノコは普通直接口に運ぶものであり、それらに対する嗜好性はきわめて保守的であるといえる。新規の有望な栽培種が試みられて栽培法が確立されても、なかなか一般の消費者に受け入れられないケースの方が多い。ヤナギマツタケやクロアワビタケもその一例で（図4.15）、確かに新しい

食感でおいしいキノコであるが、柄の部分が固すぎたり、コレミアと呼ばれる黒い汁が出て、消費拡大までに至っていない。

生産量

キノコ類の生産量の推移を図4.16に示す。全体としては増加傾向にあるが、品目ごとに推移に特徴が見受けられる。

シイタケは減少気味で、特に乾シイタケは、原木不足や後継者問題で危機的な状況にある。生シイタケは、原木栽培から菌床栽培へと生産形態が急速に変換されてきている。最近、中国からの輸入品が異常に増加し、その影響で打撃を受けている。

中国のシイタケについては、かつては劣悪な形質であまり評判はよくなかったが、最近は国内産と遜色のない高品質のものが輸入されている（図4.17）。主産地は、南部の福建省、浙江省から東北部の吉林省、黒竜江省に広がりつつある。気象環境から見れば、東北部の方が冷涼で冬菇型のシイタケが生産しやすい。さらに、徹底した品質管理で日本向けには形質の

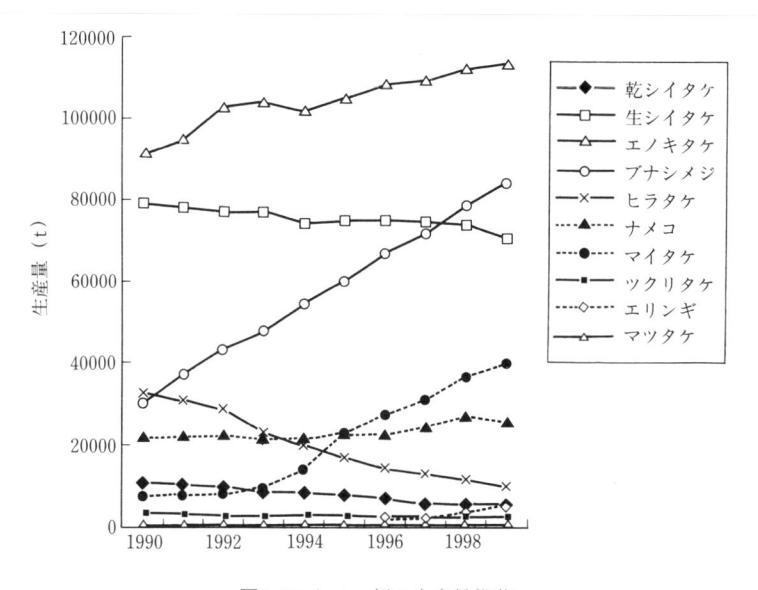

図4.16 キノコ類の生産量推移

第4章　食品と健康

図4.17 中国でのシイタケ栽培（吉林省）

よいものが選別されている。中国の豊富な資源と労働力に裏づけられた低価格で高品質のシイタケは、わが国の生産者にとって大変な脅威になっている。さらに、中国の世界貿易機関（WTO）加入で、東北部の特産品であるトウモロコシがより安価な米国産に駆逐されそうなため、トウモロコシ生産者が新たにシイタケ栽培に作目転換を図る動きが出ている。今でさえ大変な脅威の中国産シイタケが、今後より加速してわが国を脅かす雲行きであるのが心配である。

　エノキタケとナメコは増加傾向を維持している。ヒラタケは減少を続けている。世界的には人気の高いキノコであるが、わが国では今ひとつ需要が伸びなかった。韓国では、キノコといえばこのヒラタケを指すほど標準的な存在で、隣国でもキノコに対する嗜好性の違いが表れている。

　増加が目立っているものには、ブナシメジとマイタケが挙げられる。シメジの名前を冠しているキノコは数多いが、いずれも菌根菌のホンシメジを模して名づけられたものである。前述のヒラタケも、この悪習の被害を受けて生産量が伸びなかったといえる。ただ、このブナシメジは正式な標準和名である。製品が市場にデビューしたころは、苦みを感じる個体があり、市況が今ひとつであったが、品種改良や生産工程の工夫でりっぱな子実体が得られるようになった。マイタケの方は、元来北国のキノコであり、関西、九州地方ではなじみのないキノコであった。近年マイタケの菌床栽培法が確立され、完備された流通機構に乗って需要が伸びつづけている。これら2品目はいずれも工場生産体制が整い、オートメーションの進んだ

図4.18 新しい食用キノコ　Ａ：エリンギ *Pleurotes eryngii*、Ｂ：ヌメリスギタケ *Pholiota adipose*

省力生産制御体制が完成している。したがって、シイタケのような人海戦術が通用しがたいため、ここのところ脅威にさらされている中国産品の被害を受けることはまず考えられない状況にある。このあたりも、順調に生産量が増えつづけている一因と考えられる。最近ではエリンギの急増が目立っており、今後も増加していくものと思われる（図4.18）。

(2) キノコの食文化

食材

キノコはやはり食材としての位置づけがなじみ深い。キノコは、生活様式から大きく2群に区分される（図4.19）。一つは死物寄生菌で、私たちによくなじんでいる栽培食用キノコはほとんどすべてここに分類される。一方、生きている樹木と共生生活をしながら生活している活物寄生菌があり、いまだに人工栽培の方法が見出されていない。九州大学と韓国忠北大学との共同研究では、マツタケ発生林に核酸関連物質を散布すると、マツタケの発生が大幅に促進され、無処理区に比べて約5倍の収穫があり、話題となった。これらの研究成果は公表されており、今後も継続的な試験が展開される予定である。また、新たに中国吉林省東部、長白山および群馬県のアカマツ林での試験計画が立案されている（図4.20、図4.21）。

第4章　食品と健康

キノコ栽培

活物寄生菌
菌根菌
マツタケ
ホンシメジ
ベニテングタケ
ヤマドリタケ
など

死物寄生菌

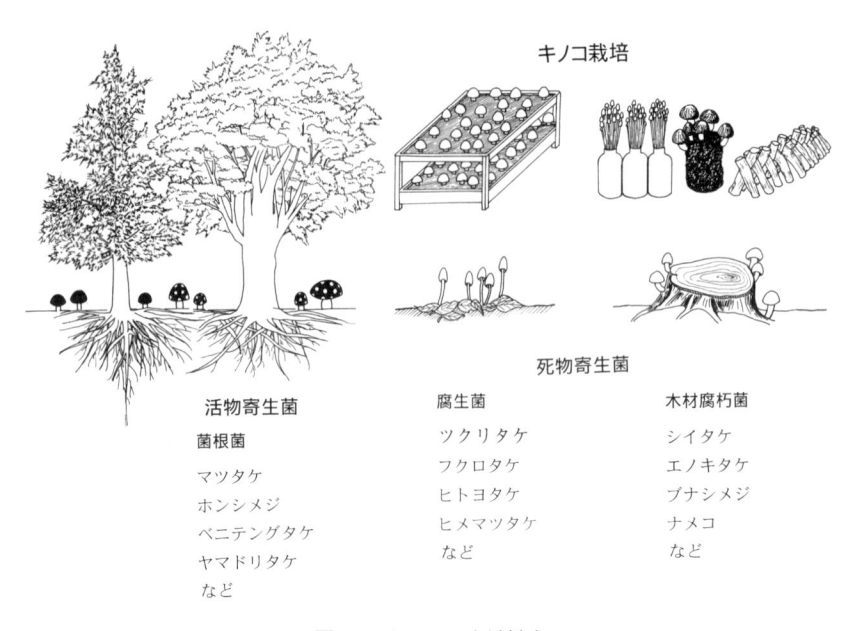

腐生菌
ツクリタケ
フクロタケ
ヒトヨタケ
ヒメマツタケ
など

木材腐朽菌
シイタケ
エノキタケ
ブナシメジ
ナメコ
など

図4.19 キノコの生活様式

図4.20 マツタケ試験の成果に対する韓国CJBの取材（韓国・忠清北道）

　表4.4に世界のキノコ生産量を示すが、ツクリタケが最も多く生産され、ついでシイタケとなっている。欧米ではツクリタケ、東洋ではシイタケがおもな生産・消費地となってきたが、最近はグローバリゼーション化されてきている。わが国でもサラダに生のツクリタケが添えられ、欧米ではシイタケがグリルや和え物などに調理される。シイタケは「shiitake」とし

4.2 菌食としてのキノコと生理活性

図4.21 マツタケ *Tricholoma matsutake*（韓国・忠清北道）

表4.4 世界のキノコ生産量

栽培種	生産量（1000t）	おもな生産国
ツクリタケ	1300	アメリカ、フランス、中国
シイタケ	250	日本、中国、台湾
フクロタケ	130	中国、台湾、タイ
エノキタケ	125	日本、台湾
ブナシメジ	80	日本
キクラゲ	80	台湾、中国
ヒラタケ	75	中国、EC
ナメコ	30	日本

て万国共通語になるまでに至っている。シイタケ特有の香りであるイオウ化合物のレンチオニンを嫌う欧米人もたまに見受けられるが、大半はシイタケを好んで食べる。菌床栽培のものは原木栽培に比べて香りが薄いことも、受け入れられた一因と考えられる。

　野生キノコにも優秀で美味なものが多い。人工栽培できないので、天然の野生キノコを食べることになる。わが国ではマツタケとホンシメジが最も好まれ、「匂いマツタケ、味シメジ」という言葉は有名である。ヨーロッパではトリュフとヤマドリタケが好まれている。これらは、それぞれ一緒に生活する宿主が決まっており、マツタケ - アカマツ、ホンシメジ - 広葉樹、トリュフ - 広葉樹、ヤマドリタケ - トウヒ属の針葉樹となっている。トリュフはフォアグラ、キャビアと並んで3大珍味といわれるほどである。

図4.22 ツクリタケ *Agaricus bisporus* 生産（オーストラリア）

図4.23 シイタケ *Lentinula edodes* 生産（ベルギー）

図4.24 フクロタケ *Volvariella volvacea* 生産（中国・上海市）

ヤマドリタケ（仏：セップ、独：スタインピルツ、伊：ポルチーニ）はとても珍重され、希少価値の高い高級食材として人気が高い。傘の直径20cm、柄の長さ20cmにも達する大型のキノコで、特に、柄の部分は肉がしまってコリコリとした食感でとてもおいしい。新鮮なものをグリル焼きにしたり、スライスしてパスタやスープに入れると濃厚な旨味が出る。缶詰や乾燥品も出ており、スーパーで入手できる。韓国では、コウタケを珍重する。香りが強い野生キノコで、肉類と一緒に調理すると、独特の酵素の働きで繊維質が柔らかくなる（図4.22～図4.30）。

世界のキノコ文化

わが国はキノコ好きの民族であるといってよい。ほとんど毎日食卓にキノコが並び、スーパーでは何種類ものキノコが陳列されているのが普通で

4.2 菌食としてのキノコと生理活性

図4.26 食用（シイタケ）と漢方（マンネンタケ）が並んだスーパーのキノココーナー（韓国・清州市）

図4.25 ヒラタケ *Pleurotus ostreatus* 生産（フランス）

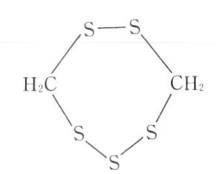

図4.27 シイタケの香りレンチオニン

ある。スーパーでの種類の多さは他国に類を見ないほどで、世界一ではないかと思われる。欧米、中国、韓国では、せいぜい2、3種類が店頭に並ぶ程度のことが多い。たいていは、ツクリタケ、ヒラタケ、シイタケなどである。最近は、エリンギが目立っているのが特徴である。世界的には、スラブ系、ラテン系がキノコ好きの民族として知られている。対照的に、アングロサクソン系はあまりキノコを好まない傾向が強い。また、同じキノコでも民族によって好き嫌いが分かれるのは不思議である。

　一例として、マツタケの芳香は我々にとってはたまらないほど芳しいものであるが、韓国滞在中に一緒に森林のキノコ類を研究していたあるロシ

第4章　食品と健康

図4.28 季節の目玉料理になったヤマドリタケ *Boletus edulis*（スイス・ベルン市）

図4.29 野生キノコの缶詰と乾燥品（ルクセンブルクで購入・フランス産）

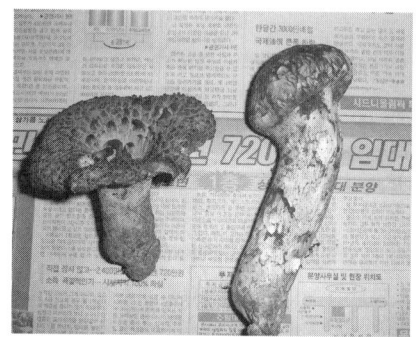

図4.30 韓国産のキノコ　左：コウタケ *Sarcodon aspratus*、右：マツタケ *Tricholoma matsutake*（韓国・忠清北道）

ア人は、マツタケの香を「臭い」と評し、逃げ出してしまったことがある。何かの間違いではと、後日勇気を出して確かめてみたが、同じような反応であった。ツクリタケ（マッシュルーム）は世界一の生産量を誇るキノコであるが、わが国では消費量はごく少量で、しかも傘がまだ開かない「つぼみ」の状態で食べる。欧米では、傘の十分開いた直径が10cmにもなるような、ひだが真っ黒なものを好んで食べる。こちらの方が、味が濃厚でこくがあり味わい深い。イングリッシュ・ブレックファーストには、必ずマッシュルームの炒めものが一緒に添えられてくる（図4.31）。

　南米では、幻覚キノコを巫女さんたちが祈祷に利用している。シビレタケ属のキノコで、食べると「テオナナカトル」と呼ばれる七色の虹が見えるようである。簡単に子実体が発生するため、「マジック・マッシュルー

140

ム」として若者の間で出回っていた。キノコから幻覚成分を抽出することは違法であったが、栽培や試食行為は規制されていなかった。最近、厚生労働省がこの種の幻覚キノコの所持や栽培、輸入を禁止することを提唱し、立法化もされたので、今後は、一般人がこのキノコを扱うことは厳禁である。厚生労働省の指示により「麻薬および向精神薬取締法」で厳しく法規制が施行されている。わが国では11種類、海外で52種類が確認されている。筆者の研究室には、メキシコのグアダラハラ州立大学より分譲されたシロシーベ・クベンシス（ミナミシビレタケ）が実験材料のため保管されている。

　ペルーでは、雷が鳴るとキノコが発生するといった言い伝えが伝承されている。これらのキノコは貴重な食材として珍重されている。雷とキノコ発生との因果関係は、著者も、シイタケやキツネタケについて数編の研究論文を発表している。これらの高電圧パルス印加とキノコ発生の相関に関する研究成果の一部が、テレビ番組「世界ふしぎ発見」（TBS）、「テクノ探偵団」（テレビ東京）、「クイズ日本人の質問」（NHK）などで紹介され、大きな反響を呼んだ。

　ヨーロッパでは、ベニテングタケが大きく文化に関わっている。宝くじ売り場にはこのキノコを模した建物がよくある。各地のシンボルにも多く用いられている。実際は毒キノコであるが、幸運をもたらすシンボルとして信じられてきた。童話の『白雪姫と七人のこびと』、『ピーターパン』な

図4.31 ツクリタケ *Agaricus bisporus*（マッシュルーム、つぼみの幼菌と成熟して十分傘が開いたもの）（イギリス・コッツウォルズ地方）

第 4 章　食品と健康

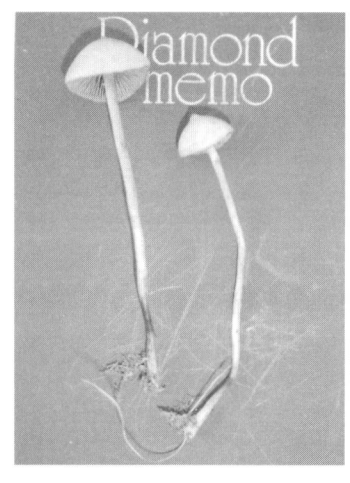

図4.32　シビレタケ属（*Psilocybe* sp.）

図4.33　高電圧パルス印加実験
（シイタケ菌床へ20kV印加）

図4.34　オープンマーケットで売られる野生キノコのアンズタケ（ジロール）*Cantharellus cibarius*（スイス・ベルン市）

どは良く知られた絵本であるが、これらに出てくるキノコもベニテングタケである。有名な話として、勇猛果敢なヴァイキングは、毒キノコのテングタケ属による軽い幻覚症状の中で攻撃をしかけたそうである（図4.32〜図4.37）。

　イギリスでは、キノコ観察会（フォレー）が各地で盛んに開催されるが、収穫された野生キノコを調理して口にすることはない。一方、ヨーロッパ大陸では野生キノコを好んで各種料理に用いる。ドイツやルクセンブルク

4.2 菌食としてのキノコと生理活性

図4.35 ベニテングタケ Amanita muscaria（スイス・シーニゲプラッチ）

図4.36 中央にベニテングタケをあしらった花時計（オランダ・ハーグ市）

図4.37 こびと＆ベニテングタケ

では、ヴァンデルング、いわゆる野山歩きが第一級の娯楽として人々に浸透しており、キノコのシーズンにはこぞって野生キノコを探し求める。キノコ狩りでもち帰ったキノコは調理され、庭先パーティーでのワインの格好の肴になる。「キノコ文化」は世界的に深く根づいているのである（図4.38〜図4.44）。

（3） キノコの生理活性

抗菌作用

キノコがつくり出す抗生物質は、ポリアセチレン化合物、テルペノイド

143

第 4 章 食品と健康

図4.38 空港正面に飾られた巨大なキノコのモニュメント（中国・瀋陽市、桃仙国際空港）

図4.39 巨大な石製のキノコモニュメント（韓国・公州市）

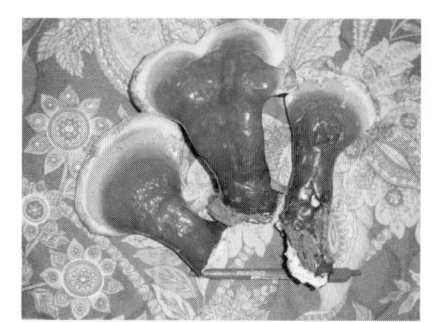

図4.40 野生のマンネンタケ *Ganoderma lucidum*（アメリカ・ペンシルベニア）

化合物、芳香族化合物などが知られている。これまでに約100種類が報告されているが、実際の治療薬として活用されているものは見られない。キノコの抗生物質は、グラム陽性菌やカビの生育を阻害するものが多く、グラム陰性菌に対しては有効なものが少ない。

抗腫瘍作用

キノコには数多くの抗腫瘍活性成分が見出されてきている。いずれも多糖体（β-(1→3)-D-グルカン）で、代表的なものとして、カワラタケからのクレスチン、シイタケからのレンチナン、スエヒロタケからのシゾフィランがあり、マンネンタケ（図4.40）やマイタケからも同じような物質が単離された。

漢方薬としては、サルノコシカケ科に属するキノコが珍重されてきた。

4.2 菌食としてのキノコと生理活性

図4.41 キノコ狩り
（スイス・シーニゲプラッチ）

図4.42 キノコ観察会
（福岡市・今宿野外センター）

図4.43 美味でキノコの王様と呼ばれるタマ
ゴタケ（*Amanita lemibapha*）

図4.44 野生のヌメリスギタケ *Pholiota adipose*（広島県・もみのき森林公園）

　これらのキノコの熱水抽出物（煎汁）には種々の薬効が伝承され、特にがんに対して効果があることが経験的に知られている。代表的なものを示すと、猪苓（チョレイマイタケ）、雷丸（ライガンキン）、霊芝（マンネンタケ）、茯苓（マツホド）である。子のう菌類に属する冬虫夏草も薬用キノコとして珍重されてきた。ノーベル賞作家ソルジェニーツィン（旧ソ連）の作品『ガン病棟』には、シラカンバに発生したカバノアナタケ（チャーガ：*Fuscopora oblique*）を服用すると治癒するとの描写がある。最近では、ヒメマツタケやメシマコブ（長崎県の女島群島で発見されたのが標準和名の由来：*Phellinus linteus*）の薬効が盛んに言及されている。

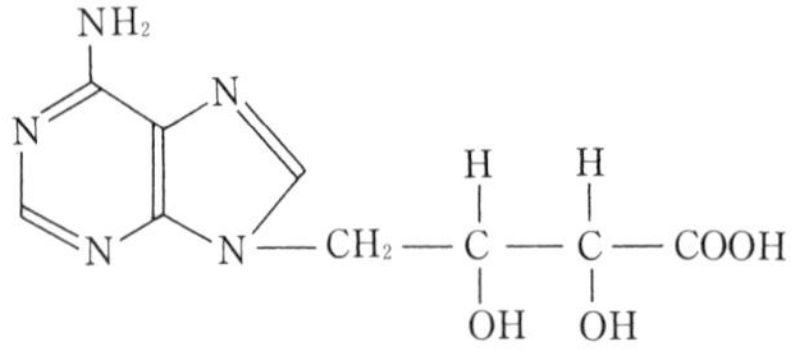

図4.45 エリタデニン

抗ウイルス作用

キノコに含まれるタバコモザイクウイルス（TMV）感染阻止効果に関する報告が多く、植物ウイルスの感染を阻害することが明らかになっている。抗動物ウイルス活性としては、シイタケの胞子から抽出された二重鎖RNAがインターフェロン誘発活性を有しており、インフルエンザ感染症に対する効果が知られている。

降コレステロール作用

血圧効果作用を示すマンネンタケからのトリテルペン、血漿コレステロール低下作用を示すシイタケから、アデニン誘導体のエリタデニン（図4.45）が報告されている。

その他、抗血栓作用、アルツハイマー型痴呆や脳血管性痴呆の神経系作用物質、抗炎症効果などが認められている。このようなことから、現代人が直面している生活習慣病や、これから迎える高齢化社会に対する有効手段として、機能性食品としてのキノコが注目されている。

第5章　市民活動と都市生活環境

熊倉浩靖

第5章 市民活動と都市生活環境

5.1 市民活動をテーマとする理由

　当初、筆者には「都市と生活環境」のテーマが与えられ、都市の概念、都市計画、危機管理、市民活動と節を追って叙述すること、山村地域での人々の生活については前文で触れる程度とすることが求められた。

　しかし、テーマを検討しているうちに、都市における生活環境問題の焦眉の課題は、最後の「市民活動」あるいは「市民と行政の協働」にあることが痛感された。地域の生活環境を、筆者たち自身の営み、ライフスタイルの変革を通して保全・改善し、温暖化防止、循環型社会形成につなげることが求められているからである。

　一方で、中山間地域（農山漁村）に暮らしている人々も同質の課題を負っていることに気づかされた。現に、筆者の組織NPOぐんまは、群馬県の依頼を受けて1998年度から毎年「環境問題に関する県民・事業者アンケート」を実施しているが、都市地域と中山間地域の回答傾向にほとんど違いは見られない（このアンケートにおいては、環境問題のあり方に違いがないかと、都市地域と中山間地域とで1,000ずつの対象者を無作為抽出し、意識的に両地域の違いを検証してきている）。

　都市（民）と農山漁村（民）とを分離・対立するものとして捉える近代型の国土構造を転換して、都市と農山漁村とを一体的な生活環境、生活基盤として見直し再構築する動きが強まっていることにも留意させられる。「都市・地域」「都市圏」という言い方で都市と周辺地域とを一体のものと考え、連携・合併を模索する動きが大きくなっているのは、財政難や国の指導だけからのものではない。分権と循環の21世紀型社会形成のためには、生活圏としての地域把握が不可欠となっているからである。

　その意味では、農山漁村（中山間地域）民もまた「市民」として生活環境問題に接し、かつ、解決していく必要にかられているといえよう。したがって、生活環境を、都市と農山漁村とで分けて考えるのではなく、市民

の視点から総体的にアプローチする方法をとる必要がある。

そこで独断ながら、社会科学的アプローチを求められている本章においては、上記の視点から、市民・事業者の環境意識の実態、市民・企業・行政に共通する問題点と解決の方向、生活環境問題において市民活動が重視される時代背景、環境活動から都市・地域づくりへ進む上でのポイントについて議論し、市民環境活動が日本の地方都市から世界規模の連携へと動いている例や「緑ゴミ」を核とした地域循環のあり方を提示したい。

5.2 生活環境と市民・事業者意識

(1) 生活環境をめぐる市民・事業者意識の実態

1998年度から実施している「環境問題に関する県民・事業者アンケート」によれば、確かに市民(県民)の環境意識は高まり、事業者の環境対策も格段に進んできているが、危うい傾向も出はじめている。

市民サイドで問題と見られる傾向としては3点が挙げられる。

第1点。地球環境問題への関心が低下し、「環境問題」=「ゴミ処理・リサイクル」=「分別排出」という傾向が強まっている。身近な問題に関心が集中し、具体的行動につながっている点では望ましいが、目の前からゴミが消えればよい、しかも、分別排出というよいことをしているのだからそれでよいという結果になりかねない。

第2点。「川や沼の水のきれいさ」、「緑の豊かさ」、「自然景観の美しさ」を強く求めながら、「水や水辺とのふれあい」、「鳥や動物などの自然とのふれあい」、「街並みの美しさ」の重視度が低いというアンバランスが広がっている。観賞的美しさを求めながら主体的なふれあい・関わりは望まないということだろうか。複数回答で尋ねた「今後県が特に取り組むことを望む項目」(2000年度数値)で見れば、表5.1のとおりである。

第3点。企業・業界・商品の環境配慮の実態が伝わっておらず、いくつ

第5章　市民活動と都市生活環境

表5.1　地球温暖化への温室効果ガスの寄与率

項目	重視度	項目	重視度
川や沼の水のきれいさ	47.3%	水や水辺とのふれあい	10.6%
緑の豊かさ	40.4%	鳥や動物などの自然とのふれあい	18.2%
自然景観の美しさ	35.8%	街並みの美しさ	13.9%

ものねじれが見られる。顕著な例は家電業界と建設業界に対する評価で、環境保全活動に積極的に取り組んでいると思われる業界、商品をそれぞれ複数で選んでもらったところ、家電製造業は34.4%という高い選択率（第2位）を示す一方で、家電製品そのものは15.0%という低い選択率（下から第2位）であった。逆に、建設業は13.0%という低い選択率を示す一方で、再生パルプ・廃ガラス・廃材利用の建材は26.2%という比較的高い選択率となっている（2000年度調査数値）。

事業者側の問題点も3点あり、市民側と似た傾向となっている。

第1点。市民と同様に、事業所でのゴミ減量・リサイクルは急増しているが、それ以外の環境活動への関心は低い。リサイクル自体でも、事業所から出る廃棄物に関しては実施中56.9%に対し、自社取扱商品・容器などの回収・リサイクルとなると37.3%にすぎない。この開きは大きい。

第2点。これまた市民と同様、地球環境問題への関心・取組みは低く、大気汚染対策、輸送・物流対策、フロン対策などは遅れ気味である。

第3点。環境保全を専門に担当する部署の設置、環境憲章や環境ガイドラインの策定については、いずれも半数以上の企業が設置・策定の予定なしと答えており、積極的な環境保全マネジメントには及び腰である。市民サイドでも、地域、コミュニティを挙げての環境保全マネジメントの取組みはまれである。

(2) 市民・事業者・行政に共通する問題点と解決の方向

こうした市民、事業者の環境行動・環境意識に共通する問題点として、次の2点を指摘することができる。

　第1の問題点。市民も事業者も、自分の目の前の領域でゴミが減量され、分別排出されれば一応の責任は達成されたとして、そこだけで「閉じる」傾向が強い。全体の循環という視点が欠落しがちである。いわば、分断されたままの「循環」型社会が形成されつつある。

　もっとも、これを第三者的にあげつらっても何の意味もない。むしろ、市民も事業者も「ゴミ減量とリサイクルのための分別排出がすべてでないとわかっていても、どうしたらよいのかわからない」というのが現実である。近代社会、特に戦後日本社会は、分断という「閉じた」体系を自明として構築され、成功裏に運営されてきたからである。

　そして、この構造の上に国も自治体も存在し、特に自治体はゴミを目の前から排出する処理を託されてきた。都市は、農山漁村以上にその構造が集約的なため、一般廃棄物も産業廃棄物も埋め立てという最後のツケを農山漁村に回してきたのである。県境を越える例も恒常化し、不法投棄の場となってきたのも農山漁村である。

　第2の問題点。業界と商品をめぐる市民評価のねじれに象徴的なように、分断とねじれは物資的な面だけでなく情報面でも起こっている。市民・事業者・行政間での情報の共有や交流は、十分に行き渡っているように見えてまったく不十分と思われる。とかく聞こえてくるのは三者間での相互不信だが、実は、相互が求め合っているという恋愛小説まがいの状況である。

　現に、県民へのアンケートとして「環境に配慮した商品をつくっている事業者をどう思うか」と聞いたところ、47.1%が「環境配慮商品をつくる事業者には共感し応援したい」と答え、「環境配慮商品をつくることには賛成だが、消費者に負担のない範囲で進めるのなら応援したい」を加えると90.0%に達した。この回答は、事業者に対する「環境に配慮した商品について、どのように評価している消費者が多いと思うか」というアンケート結果において、「環境配慮商品をつくることには賛成だが、消費者に負

第5章　市民活動と都市生活環境

担のない範囲で進めてほしいと考えている消費者が多い」という回答が57.7％、「環境配慮商品に賛成で、積極的に進めてほしいと考えている消費者が多い」を加えると71.5％になることと完全に合致している。

にも関わらず、具体的評価ではねじれや不信が出るのはどうしてか。情報の「環(わ)」が分断されているからである。循環はシステムとなって初めて循環となるという自明の理を地道に構築しなければなるまい。

情報の環(わ)づくりが進んでこそ物質的な循環も具現化されてくる。そのためにはどうしたらよいか。次のように考えられないだろうか。

まずはともかく市民、事業者（特に中小事業者）、市町村という三者間の定期的な情報交換の場をつくることである。

だが、一度や二度はイベント的に成り立つのだが、定期的継続となるとこれが意外とむずかしい。三者は共通の言葉をもっていないこと、異なることを承知で、とにかく話を聞くことに慣れていない。また、目に見える成果を求めすぎ、全員で何かをしないといけないと思い込み、動きがとれなくなる。こういったことが原因のようだ。

その背景には、企業と市民はひたすら所得を上げることに邁進し、所得向上に直結しない課題は納税を通して行政に負託する、つまり、それぞれの目的はまったく異なるという分断構造があったからである。市民と企業との間には、消費者と生産者という分断構造、一種の対立構造があった。

逆にいえば、三者間の情報交換の場が永続化されるような構造となれば、その都市・地域は21世紀が求める新たな構造、都市生活環境を生み出しはじめているといってよいほどである。

それでは、どうしたら永続化できるだろうか。

誤解を解き、意見を交換し合える関係をつくること自体が課題だから、何よりも、環境問題には唯一の解答はないことを自覚し、それぞれの立場からの解決の努力を理解し、協力し合っていくという姿勢をもち、その具体的な表現として、三者相互に相手を奨励する評価制度をもつことなどが考えられる。簡単で永続化できる共通目標をもつとさらによい。

そして、できるならば、共通の目標を、リサイクルよりもゴミ発生抑制、エネルギー抑制へとシフトしていくことが求められる。

こうした活動には、三者間の「通訳」、コーディネーターとかファシリテーターとか呼ばれる存在があるとよりよいのだが、まず、都市内で情報の環（わ）をつくることが、生活環境問題を通しての都市・地域の再生、市民・企業・行政の大きな協働を実現する道となる。

5.3 市民活動が重視される時代背景

(1) 「強兵なき富国」の道、成功ゆえの行き詰まり

市民活動、市民・企業・行政の協働は、なぜ、それほどまでに必要とされるのか。1998年3月に閣議決定された新しい全国総合開発計画「21世紀の国土のグランドデザイン」は、時代背景を端的に描き出している。

そこでは国土をめぐる四つの大きな転換として、

① 価値観・生活様式の多様化
② 地球時代
③ 人口減少・高齢化
④ 高度情報化時代

を挙げている。価値観や生活様式は本当に多様化しているのか、それほど我々は主体性をもっているのかは疑問だが、この転換を自治体側から見れば、人口は増えずお金もなく、だがニーズは高まる「三重苦の時代」が始まったといえる。

どうしてそんな事態になったのだろうか。端的にいえば、成功ゆえの行き詰まりである。戦後一貫して追求してきた「強兵なき富国の道」、個人も組織もひたすら所得を上げて豊かになっていくという戦略が、成功ゆえに行き詰まったということである。

いささか乱暴にまとめれば、私たちの社会・国家は、この150年間に2回にわたって実に鮮明なNational Goal（国家・国民目標）を設定し、それを達成することによって破綻・行き詰まりに直面するという経験を繰り返してきたのである。

　第1回は、150年前の開国に際しての国家・国民目標の設定である。

　当時の国家リーダーたちは、日本が欧米諸列強に伍することのできる少なくともアジアにおいては唯一の帝国（主義国家）になることを求めた。ちなみに「大日本帝国」という言葉は、明治維新以前の万延元年（1860年）の日米修好通商条約で用いられており（厳密には同年を安政7年として署名）、このような国家形態は、尊王・佐幕を問わない共通の目標であった。

　そして、それは達成されていく。評価を別とすれば、わが国がアジア唯一の帝国主義国家となったこと自体は否定できない。

　しかしその達成は、達成ゆえの矛盾・衝突に突入していった。一つは、アジア・太平洋の覇権をめぐる帝国どうしの争闘戦、つまり太平洋戦争である。もう一つは、植民地化した朝鮮・中国、東南アジアの人々の民族自決との衝突である。これが大東亜戦争の真実である。そして、わが国はこの二つの衝突に二つとも敗北した。第1回目の「達成ゆえの行き詰まり」である。

　その反省のもとに第2回目の国家・国民目標が立てられる。いわゆる戦後復興だが、そこで選択された目標が「強兵なき富国の道」であった。「所得倍増」という池田隼人首相の言葉に象徴される、個人も組織もひたすらに所得を上げて豊かになっていくという戦略であった。

　軍事力ではなく、世界が望む安くて便利で壊れにくい製品を提供することによって国も国民も富んでいくという戦略は、確かに世界に受け入れられた。1980年代には*Japan as Number 1*とまで評された。

　しかし、ここでもまた達成ゆえの矛盾・衝突に直面する。先進国どうしではいわゆる経済摩擦が生じた。わが国を目標とした中進国・開発途上国からは追い上げられる。技術は移転可能だから当然の事態である。

さらにもっと大きな問題が生じた。資源・エネルギー制約、環境問題である。いくら便利だからといって資源やエネルギーを野放図に消費してよいのか、大量生産・大量廃棄を永続・拡大してよいのか。多様大量な廃棄物は地球の浄化力を明らかに超えてしまった。特別な悪意や失政の結果ではなく、成功ゆえの結果であったため、事態は深刻である。

ひたすら所得向上を目指すことは、また、所得向上以外のすべての事柄を国や自治体に委ねる構造と一体となって初めて機能してきたが、所得向上や税収が行き詰まることによって、行政だけですべての住民ニーズに応えることができなくなってきているのである。

これが現在の姿である。今日の生活環境問題の根源はここにある。行き詰まりは生活実感として私たちに襲いかかっているが、国家が第3番目の国家・国民目標を提起できなくなっている点に深刻さがある。

(2) 自己決定・自己責任の原理に基づく協働社会：
Partnership と Public

「強兵なき富国」の道、行政・企業の2輪体制が行き詰まり、国家＝行政任せ、企業＝経済依存だけでは立ち至らなくなっているとすれば、自己決定・自己責任が不可避となってくる。しかし、一人だけ、一組織だけ、一地域だけではどうにもならないことも確かである。ここから「多様な主体の参加と地域連携」あるいは「協働」という考え方が出されてきた。このことを訴えているのが地方分権推進委員会の「最後の訴え」である。

その内容は以下の通りである。「地方自治とは、元来、自分たちの地域を自分たちで治めることである。地域住民には、これまで以上に、地方公共団体の政策決定過程に積極的に参画し自分たちの意向を的確に反映させようとする主体的な姿勢が望まれる。……自己決定・自己責任の原理に基づく分権型社会を創造していくためには、住民みずからの公共心の覚醒が求められる。……地方公共団体の関係者と住民が協働して本来の『公共社会』を創造してほしい」。

第5章　市民活動と都市生活環境

　こうした「訴え」をもって報告がしめくくられることはきわめて異例なことだが、この「訴え」には、分権型社会づくりの段階が進んだことが象徴されている。

　第1に、課題の中心が、国の権限の地方自治体への移譲から、地方自治体自身の地域経営へと移ったことを明確にし、第2に、地方分権の主体はひとり地方自治体に止まらず、住民と行政の協働にあることを提起しているからである。

　「協働」はPartnershipの訳語として1990年代から使われるようになったが、それぞれが自らの位置と役割を自覚し責任を果たし合いながら社会を維持するという仕組みや考え方である。その課題は行政だけに与えられているわけではない。むしろ市民の側にこそ求められているといってもよい。そこで改めて考えるべきは、Publicという言葉である。

　Publicを公共と訳したのは山県有朋だそうだが（福沢諭吉は「みんな」と訳した）、Publicといえば行政と捉えがちだったことへの深い反省が求められている。私自身まことに恥ずかしい話だが、Publicには市民（citizen）と行政（administration）の両者がともに意味されていることを、友人のアメリカ人に指摘されるまでまったく意識していなかった。

　最近耳にすることの多い「Private Public Partnership」の意味は、利潤・営利を原理とするPrivate Company（民間企業）が、citizen（市民）とadministration（行政）からなる公益・公共を原理とするPublic SectorとがPartnershipを組んで、社会の問題を解決することにある。営利と公益という異なる原理間だから協働なのである。

　それは、ある意味では近代欧米的な、ある種成熟した民主主義の課題である。私たちの社会にあっては、その前のcitizen（市民）とadministration（行政）の協働、真のPublic、地方分権推進委員会の言葉を借りれば「公共社会」づくりが課題である。

　従来、社会基盤の整備だけでなく、教育も福祉もゴミやし尿の処理も、所得向上に直接につながらない課題は、すべて税金を納めることを通して

5.3 市民活動が重視される時代背景

行政に委ねることが当然とされてきたからである。また、どちらかといえば、発言し行動する市民は行政にも企業にも批判的だったが、これからは、三者がそれぞれの構造や長所・短所を認め合いながら手をたずさえていく必要があるからである。そうしなければ社会が維持できなくなっているのである。その課題の最前線に生活環境問題がある。

自治体側からいえば、政策の立案・実施・評価の全過程において、従前とは質を異にする市民参加が求められ出したということである。

(3) 今、市民活動に求められる新たな役割

しかし、今まで、市民も企業も行政もそれぞれの系列だけで成功してきたゆえに、多様な主体間の話し合いさえ不在で、「参加と連携」の呼びかけに多くの主体が困惑しているのが現状である。環境意識調査におけるねじれは実に象徴的だが、この状況が閉塞を生んでいる。逆に、これを突破していけるなら、新たな経済活性化の動きも芽生えてくる。

とりわけ地方においては、企業原理だけでは立ちゆかない側面が多く、また、伝統的な社会組織や慣習が、桎梏にも新たな協働の核にもなりうる中途半端な存在のまま市民・行政の前にぶら下がっている。地域では、それぞれの伝統・慣習をまさにRenovation（再生）させながら、自然と社会の多様な循環をつくっていくことが、大都市部以上に求められている。

その意味では、問題を、都市・地域という一つの単位で考えようとしてきたが、大都市部と地方の都市・地域とでは課題に濃度差があることを否定できない。生活環境問題との関係でいえば、地方の都市・地域においては、その解決はコミュニティの再生や経済的安定・活性化にいっそう密着した戦略性をもっているといってよい。それだけに、地方の都市・地域における市民活動はいっそう重要である。

そこで、NPO（特定非営利活動法人・市民公益団体）に注目が集まっている。たとえば、2001年3月に中間報告がまとめられた国土交通省都市・地域整備局市街地整備研究会は「市民の協力と参画を得てまちづくり

第5章 市民活動と都市生活環境

を推進するため、大都市等の防災上危険な密集市街地を対象として、都市整備の事業着手以前の段階から住民等の主体的なまちづくり活動を活性化する必要がある。このため、住民主体のまちづくり協議会の設立促進やNPO組織の活用、まちづくりに係る各種の専門家派遣を行える仕組みを構築するとともに、これを奨励するための支援措置を拡充すべきである」と提案している。これは、大都市を例としたものにすぎないが、新聞報道等によれば、市民参加のさまざまな方法が模索されている。

しかし、多くのNPOは多様な主体の一つにすぎない。そこで、NPOに限らず、多様な既存公益団体、地縁組織を再活性化させ、ともにその地域にふさわしい市民社会を生み出すことが市民すべてに期待されだした。この活動こそ市民活動と呼ばれるものである。

近代社会とは、従前のエリア型コミュニティが崩壊しテーマ型コミュニティに置き換えられる社会だといわれるが、ここに来て、テーマ型コミュニティと呼ばれる多様な市民活動がパートナーシップを組み合う形での新たなエリア型コミュニティが求められているといえよう。

その際、地域、まさにエリアの共通基盤である生活環境問題は、新たなエリア型コミュニティ構築の試金石となっている。

5.4 生活環境問題解決を通した地球規模の連携

しかも、こうした都市・地域の再生、市民活動と市民・企業・行政の協働を核とした生活環境問題の解決は、わが国固有の課題ではない。まさに地球規模の課題であり、それぞれの都市・地域での生活環境の保全・改善、都市・地域の分権・循環型再構築だけが地球環境問題解決の現実の道である。その一例を群馬県高崎市に見ることができる。

(1) 姉妹都市を活用した地域環境政策

1981年以来、世界4都市（ブラジル・サントアンドレ、米国・バトルク

5.4 生活環境問題解決を通した地球規模の連携

リーク、チェコ・プルゼニ、中国・承徳）と姉妹・友好都市交流を進めてきた高崎市は、1990年、5市市長の合意として、各市と高崎市との1対1の交流ではなく、5市間での交流・連携へと関係を深めることを宣言し、5市間での文化・スポーツ交流をスタートさせた。

そして1995年、「2000年を目標に、地球環境問題に対して地方都市レベルでできる具体的な改善施策や市民活動について協力し合うため、1年1都市の割合で行政スタッフや市民団体を集め、調査・研究し合うインターンシップを開催する」ことを決定し、1996年からサントアンドレ、バトルクリーク、プルゼニ、承徳の順でインターンシップが重ねられた。

紙幅の関係で詳細を述べることはできないが、各地のインターンシップでは市民参加型のワークショップが開かれ、たとえばサントアンドレでは、幼稚園・保育園を会場に高崎市の市民団体「くらしの会」による廃油・牛乳パックなどのリサイクル実演が行われ、廃油石鹸づくりや手すき紙製作がサントアンドレに定着した。また、環境教育教材の作成と交換、インターネットを通した恒常的な情報交換などが進められている。

とりわけ、生活環境問題をめぐる市民参加と協働についての事例紹介・意見交換には多くのインターンが関心を深め、アメリカ・ミシガン州で行われている州・市挙げての庭ゴミ堆肥化を参考にした公共施設の庭ゴミ・生ゴミリサイクルなどが高崎市の検討案件となった。

さらに、視点は大気汚染防止策と都市交通マネージメント、都市景観や歴史的文化遺産の保全・活用、環境課題と経済発展の共存などへと展開しつつある。国と市がハード面の整備を行い、文化活動やライフスタイルの保存などのソフト面は各種の市民団体が担うというプルゼニ市中心部の歴史的建造物保全の手法や、市民団体による避暑山荘の清掃・管理が行われている承徳市のユネスコ世界文化遺産避暑山荘・外八廟の保全・整備・活用手法などは、他市に益するところ大であった。

他方で、高崎における小学校を一つの拠点とした地域（小学校区）での環境活動が参考となって、各市で小学校（区）を単位とした活動が増加し

第5章　市民活動と都市生活環境

表5.2　第3回高崎サミット宣言

　2000年10月28日、アメリカ・バトルクリーク、ブラジル・サントアンドレ、中国・承徳、チェコ・プルゼニ、日本・高崎の5市市長は、高崎市の群馬音楽センターにおいて、2000名の各市市民とともに第3回高崎サミットを開催し、1995年、高崎市で開催された第2回高崎サミットで合意された5市間国際交流環境プログラムの成果について話し合い、「私たちの身近な地域環境を保全することが、ひいては地球環境を保全する礎であり鍵である。私たちには、私たちを育んでくれた豊かな自然、歴史や文化を次世代の人々が享受できるように努める義務がある。そのため、私たちは、これまでの姉妹・友好都市間での交流を活かし、地球時代を生きる市民として、企業人として、行政担当者として、教育者としての自覚をさらに高め、環境への負荷の少ない持続可能な地域社会の実現と環境資源の再認識をはかり、環境と人が共生する姉妹・友好都市、まさに『地球市民の都市』の確立をめざす。」の基本理念のもと、新たな5年間の行動計画として、

1. 10月27日を5市共通の記念日「地球市民の日」とする。
2. インターネットによる日常的交流を定着・拡充する。
3. 5年間に各市1回ずつの会議を開催する。会議は、子ども会議ないし市民・企業会議と特定課題会議の組み合わせとする。
4. 今後の会議開催は次のとおりとする。
   2001年・サントアンドレ市
   2002年・バトルクリーク市
   2003年・プルゼニ市
   2004年・承徳市
   2005年・高崎市
   （2001年の同時多発テロの影響で1年ずつ順延となっている）
5. 分野別行動計画については、各分科会提案や学識者会議での提案を尊重し、その達成に努めるものとする。

の5項目を合意した。

ている。たとえば、サントアンドレでは水源保護地域の小・中学校を中心とした環境教育が推進された（子供たちによる水質検査、湖や森林の観察）。また、バトルクリークでは、学校ごとに、課外授業や放課後、土・日などを使って学校区の緑化を進め、その結果、自力では緑化困難な低所得者層の住宅の緑化に協力することで、中産階級を中心に人権意識の高まりが図られるという成果ももたらされているとのことである。

（2）生活環境改善活動から地球市民のまちづくりへ

　そして2000年10月、「高崎2000年環境会議」の旗のもと、姉妹・友好都

市からの参加者やボランティア通訳など200人以上の方々が参加して、さまざまな視察・研究活動や会議が繰り広げられた。

成果は「第3回高崎サミット宣言」（表5.2）としてまとめられたが、筆者は一連の過程にプログラム・コーディネーター、高崎2000年環境会議実行委員長として参画させていただき、過去5年間に共通する最大の成果として次の2点を提示した。

第1点。言葉も国柄も異なる5市が環境・まちづくりでパートナーシップを形成し、プログラムを実施しつづけられたこと自体が画期的である。

第2点。環境・まちづくりの最大のポイントは、市民・企業・行政・教育の4部門の協働にある。（教育を一つの独特なセクターと捉えることとした）

各分科会からは行動計画（① 各市において市民・企業会議を設置し活動する、② 2005年までに各市で市民1人当たり5％のゴミ減量を実現する、③ 5市の小中学生による水質や水生生物の調査を定期的に行い、成果をインターネットで知らせる、④ 公共交通の充実に関する情報交換や共同研究を実施する、⑤ 各市で森林・公園を質・量両面で拡充し、緑化ボランティア活動の育成・支援・組織化を進める、⑥ 景観・歴史的建造物の保全・活用方法に関する情報交換を行い、市民や学生の参加を促進する）が提案され、「地球市民の都市」を目指し、5市がさらなる協働を図っていくことが宣言された。

次の5年間はより高い成果が求められるが、こうした試みを通して地球環境問題も具体的に解決していけるものと見られる。

5.5　緑ゴミを核とした地域循環のあり方

この5市間環境プログラムでも指摘されたが、わが国における焦眉の生活環境問題は、ゴミをいかに循環システムとして処理するかにある。その一例として、緑ゴミを核としたシステムを提案しておきたい。

第5章　市民活動と都市生活環境

(1)　なぜ「緑ゴミ」なのか

「緑ゴミ」を課題に選んだ理由は四つほどある。

第1点。自然との共生・循環意識が高まるほど、緑ゴミの発生の抑制は困難になること。

第2点。一般廃棄物なのか産業廃棄物なのか、分類が明確でない場合が少なくなく、多様な主体が多様な方法で排出する「ゴミ」を資源化するためには協働が不可欠となること。

第3点。CO_2収支原則ゼロといっても、焼却量の野放しの増大は望ましいことではないこと。また、水分を大量に含むことから、焼却炉の温度を下げ、ダイオキシン類の発生を助長する恐れがあること。

第4点。再生利用等の手段として堆肥化に傾斜すると、食品リサイクル法や家畜排泄物法への対応から急激に増加すると見込まれる堆肥と競合して値崩れを起こし、結局は焼却ないし埋立てとなる恐れがあること。

この問題点を解決する方向を見出すには、二つの視点が必要と見られた。

第1点。「緑ゴミ」を食品循環資源や家畜排泄物とともにバイオマス（利用可能な生物資源）として把握し、肥料化だけに頼らない多様な再使用・再生利用の中に位置づけし、地域における有機性資源を組み合わせた循環を形成していくこと。

この考え方を、私たちは「バイオマス・ベストミックス」と定義した。

第2点。有機性資源はエネルギー密度やかさ密度が相対的に低く、収集や流通にエネルギーやコストがかかるため、既存の市場を通じた広域流通ではなく、ローカルな地域内ネットワークの構築が決め手となること。

この循環を、私たちは「地域静脈循環」と名づけた。

この仮説をもとに、緑ゴミの実態、量や内容、品目ごとの特性を把握することから研究を始めたが、緑ゴミをどう分類するか、どこまでを対象とするかを決定するにはかなりの時間が必要で、そのこと自体が一つの成果となった。

5.5 緑ゴミを核とした地域循環のあり方

表5.3 群馬県におけるバイオマスとその利・活用の実態と課題（単位：千トン）

総発生量	分類発生量	実態と課題
家畜排泄物 (3,384)	牛排泄 (1,642) 豚排泄 (1,429) 鶏排泄 (313)	ほぼ全量が堆肥化されているといわれるが、県内農地還元可能量は1,000千トン程度で、残り2,000千トンの処理に課題を残している。1,600千トン程が野積み・素掘りといった不安定な管理状態にある。
食品廃棄物 (411)	産業廃棄物(173)	20%が売却され、中間処理後35%程度が再生利用されている。残り45%は脱水乾燥等により消滅処理されたと見られる。
	事業系一廃 (68)	食品循環資源リサイクル法により再生利用が義務づけられた。
		事業系一廃と産廃中間処理とを合わせ、30千トン程度の堆肥と60千トン程度の飼料が生産されると見られる。
	家庭系一廃(170)	再生利用のシステム化はむずかしく焼却埋立を前提とせざるをえない。
緑ゴミ (428)	林地残材 (79)	文字通り林地に残された低利用バイオマスのままといえる。
	製材廃材 (46)	20千トン程度がチップ、燃料、家畜敷料として再生利用されている。同量がキノコ菌床となっており、廃菌床後の再生利用が課題。
	キノコ関連 (63)	廃床原木・廃菌床の再生利用はキノコ県群馬特有の課題でもある。
	公共工事発生材(15)	再生利用の実態は十分把握されていない。
	造園関係 (10)	量は少ないが焼却・最終処分が60%に上っており、環境意識の高まりに伴い発生量が増えると予測され、再生利用確立が課題。
	農業廃棄物(215)	80%以上の再生利用がなされているが、麦わら・桑残さの再生利用拡大が課題。

(2) 群馬県バイオマス全体の中での緑ゴミの位置づけ

群馬県における緑ゴミの全体像、バイオマス全体の中での位置づけは表

第5章　市民活動と都市生活環境

5.3の通りである。

　まず、緑ゴミ発生量全体は、伐採地に残された残材8万トン、製材廃材4万5千トン、キノコ関係6万トン強、公共工事発生材1万5千トン、造園関係1万トン、農業廃棄物21万5千トンと推計された。総発生量43万トンは群馬県素材生産量のほぼ2倍、スギ40年生850ha程度に匹敵する。

　次に、バイオマス・ベストミックスの観点から、他の有機系廃棄物（家畜排泄物および食品廃棄物）との比較を試みた。

　家畜排泄物は驚くほどの量で、牛・豚・鶏合わせて何と338万トンにも達している。県民1日1人当たりのゴミ排出量は約1kgなので、群馬県人口200万人で換算すれば、4年半分以上に当たる。ほぼ全量が堆肥化されているといわれているが、県内農地還元可能量は100万トン程度で、残り200万トンの処理に課題を残しており、また、160万トンほどが野積み・素掘りといった不安定な管理状態にある。他方、食品廃棄物の総量は41万トンで、脱水乾燥と食品リサイクル法への対応により、産業系、事業系一廃から3万トンの堆肥と6万トンの飼料が生産されると見られる。

　つまり、バイオマス総発生量は重量換算で420万トンほどで、家畜排泄物が80％を占め、食品廃棄物と緑ゴミが10％、40万トン強ずつである。つまり、緑ゴミは食品廃棄物とほぼ同量が発生している。しかも、食品リサイクル法の枠外である家庭から出される食品廃棄物の再生利用のシステム化はむずかしいことを考えると、再生利用の対象量としては緑ゴミが上回る。

　表を改めて見直してみると、
　① 低利用バイオマスにとどまっている林地残材・工事発生材
　② キノコ……群馬県特有の廃床原木・廃菌床
　③ 二毛作……群馬県特有の麦わら
　④ 養　蚕……群馬県特有の桑残さ
　⑤ 環境意識の高まりに伴い発生量が増えると見られる剪定枝葉・草・芝といったもので、これらの再生利用システムを確立することが大きな課題

であることがわかってきた。そして、この残された課題には地域特性が色濃く表れている。

そこで、緑ゴミのこうした特性を念頭に置きながら、バイオマスの資源化技術、エネルギー化技術を探ってみた。

資源化技術では、
① 食品循環資源の乾燥化による国産飼料製造
② リグニンの抽出・分解とキノコの利用
③ 食品循環資源等からの生分解性プラスチック製造
が、エネルギー化技術では、
① バイオマス・コージェネレーション
② 木質燃料製造
③ メタン発酵
④ 炭化、木炭・竹炭製造
が注目される。

まとめると、緑ゴミに関しては、素材利用やチップ化などの既存利用に加え、リグニンを抽出あるいは分解したうえでの飼料化およびリグニン自体の活用と、高効率ボイラーでの直接燃焼による他の有機性資源再生利用熱源化、バイオマス・コージェネレーションが最も期待される。堆肥化に関しては、緑ゴミ発生地点でのチップ化による大地還元にとどめるか、家畜排泄物の堆肥化過程で混入させるかが望ましいようである。

(3) 緑ゴミを核とした地域静脈循環が日本を救う

緑ゴミだけでもこのように複雑だが、バイオマスの内実は実に多様で、有効利用についてもさまざまな技術が存在し、日々技術革新が進められている。だが、どれか一つの技術ですべてを解決することはむずかしく、対象物や地域の特性、利用目的などから適切なものを選択し、複数の技術を組み合わせていく「バイオマス・ベストミックス」形成の視点が重要となってくる。

第 5 章　市民活動と都市生活環境

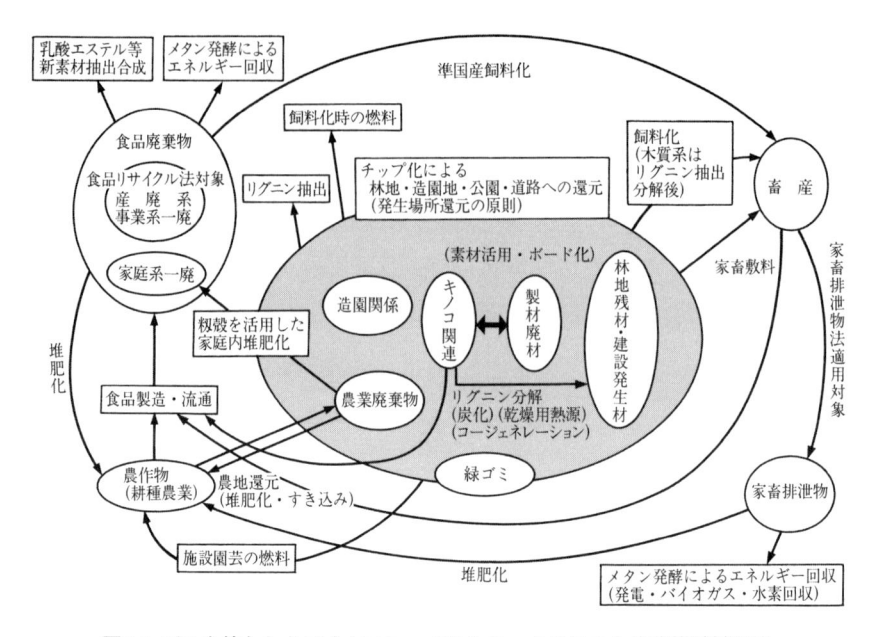

図5.1　ゴミを核としたバイオマス・ベストミックスによる地域静脈循環図

　その核となるものこそ緑ゴミと見られる。なぜか。
　第1点。緑ゴミはさまざまな要素から成り立っていて、畜産・耕種農業、家畜排泄物・食品廃棄物に対して働きかけられる再生利用の選択肢が多く、三つのバイオマス分野を結ぶハブとなれる。
　比べて、絶対量では圧倒的な量を占める家畜排泄物は、今のところ堆肥化かメタン発酵しか選択肢がなく、緑ゴミ、食品廃棄物との連携関係が弱いため、物質循環の核になりにくい。緑ゴミと同量のバイオマスが発生する食品廃棄物も、実効性の高い対象は食品リサイクル法の適用される産廃・事業系一廃に限定され、再生利用も堆肥化と飼料化に集中している。
　第2点。緑ゴミは地域特性を的確に表現するバイオマスである。以上を表したのが図5.1である。
　多少複雑な図になるが、まず、緑ゴミの半分を占める農業廃棄物は、大

5.5 緑ゴミを核とした地域循環のあり方

がかりな加工を必要とせずに、すき込み・堆肥化を通して肥料や家畜敷料となる。特に籾殻は、システム化のむずかしい家庭から排出される生ゴミの堆肥化を進める媒材となる。

次に、造園関係や林地残材・工事発生材は、チップ化を図って林地・造園地・公園・道路等発生場所に還元することが原則だが、それが不可能な場合でも、ボード化、炭化、燃料化、リグニンを抽出・分解しての飼料化が可能である。CO_2排出との関係で燃焼には否定的な風潮も見られるが、化石燃料や海外起源の有機系資源とは違い、CO_2収支は原則としてゼロである。燃料化は食品廃棄物の乾燥・飼料化や施設園芸を支え、高効率ボイラーによってコージェネレーションを実現する。飼料化については、キノコ等によるリグニン分解技術が確立されれば、飼料の準国産化にも貢献できる。

バイオマスの有効利用、緑ゴミを核とした地域静脈循環は、ゴミの減量・再資源化を図り、地球温暖化を防止するためだけではない。わが国の社会を最も根底で支える生命資源の活性化、多様な自給化という面でも大きな役割を果たす。

周知のように、わが国は世界一の食糧輸入国であり、有数の食品廃棄国である。農産物の純輸入額は約400億ドルで、第2位のドイツの約180億ドルに比べても段違いである。しかも、年間2,000万トンの食品が廃棄されているといわれ、それは3,700万人分の食糧に匹敵する。10億近い慢性的栄養不足人口が世界に存在することを考えると、何とも恥ずかしいばかりである。

飼料も同様で、約2,800万トンの飼料供給量の60％を超す1,700万トンが輸入である。この結果、どのようなことが生じているかといえば、国内耕地面積が500万haを割っているのに対し、海外に依存している作付面積は1,200万haを超え、本来わが国の大地が生み出さなかった窒素分、塩分が大量に大地に還元されるという事態を招きつつある。現に利根川水系などでは、車の排ガスと相乗して川の窒素濃度が急上昇している。

こうした事態を解決するには、食糧・飼料の自給率を高めることと、農地への還元が可能な高品質の堆肥を生産・利用することとを両立させるしかない。緑ゴミを燃料として、出所の明らかな食品廃棄物を乾燥してつくった準国産飼料を家畜に与え、そのようにして育てられた家畜の排泄物に限定した高品質堆肥を農地に還元して有機栽培農産物を育てるという地域循環を形成していくことは、きわめて有効な解決策だろう。

　さらにキノコ等によるリグニン分解が進めば、造園関係ばかりでなく、林地残材や工事発生材、製材廃材、廃ほだ木・廃菌床も国産飼料の原料となる。そのことは林業と農業・畜産との関係をも変えていく。あるいは、バイオマスからの生分解性プラスチック素材の抽出も可能となる。そうした循環構造の確立は決して夢物語ではない。

　そうなれば、我々は、海外由来でCO_2増加の最大の原因である石油依存の体質、輸入食糧・飼料依存の体質から解放され、また、森林と農地、都市との望ましい関係を新たにつくり直すことができる。熱帯あるいは極北の森林を伐採しつづけながら、手入れさえできない森林が横たわり、山がクズ山となり、山村の荒廃を招いている。この恥ずべき状況を克服する現実的な一歩が踏み出せるはずである。

第6章　現代社会における家族

尾形圭子

第 6 章 現代社会における家族

6.1 家庭環境の変化と時代背景

1960年代の高度成長期以降、社会の状況の変化とともに家庭環境は急速に変化したといえる。その要因としては「核家族化と少子化」、「地域社会との関わりの希薄化」、「情報社会の発展と普及」などが挙げられる。これらの変化は、本来、人間関係によって構築されるべき人間形成を妨げ、すべてが"個"に向かっている。そしてこれは、「いじめ」、「不登校」、「キレる」といった子供たちの荒廃や、親においては「幼児・児童虐待」といった問題の一因につながるものと考えられる。

(1) 核家族化と少子化

高度成長期を境に都市部に人口が集中し、祖父母を含めた大家族から、夫婦のみ、あるいは両親と子供だけで構成される"核家族"が増加してきた。核家族化がもたらした影響としては、まず第一に"敬うべき人"としての祖父母、あるいは曽祖父母の存在が家族からなくなった、ということが挙げられる。このことは、絶対的な威厳をもって躾を担う存在の喪失と同時に、親の不在時にかわりに子供の面倒を見たり、無条件で愛情を注ぐ存在が家族から消えてしまったということだといえる。子供に限らず、家族間において「長上者に対する敬意」、「家庭での躾」、「深い愛情によって育まれる信頼感」というものが希薄になってきたのである。

もう一つ考えられることは、人の"死"というものに遭遇する機会が少なくなり、"命"に対する尊厳を理解できない人が増加しているということが挙げられる。これらのことに加えて、「少子化」によって兄弟喧嘩も少なく、過保護に育てられたり、"個"で過ごす時間の多くなった子供たちは、「善悪の区別」や「人の痛み・限度」が認識できなくなり、人との競争や対立によって育まれる「忍耐」も欠落していくことになる。

(2) 地域社会との関わり（住環境と周辺の環境）

核家族化の進行と平行して、住環境や周辺環境にも変化があった。第一に、団地やマンションなど住宅が高層化し、各住居が閉鎖的になったことが挙げられる。このことは、「ご近所どうしが助け合って生活する」といった地域社会でのコミュニケーションが非常に希薄になることを示している。"隣のおじいさん" や "向かいのおばさん" など、家族以外に気軽に相談できる人、そして、子供を見守ってくれる存在が消えてしまったといえる。第二に、高度成長期以降、工場や事業所の建設の増加により、それまで野原や空き地で遊んでいた子供たちは、次第に遊び場を失っていったことが挙げられる。これらのことにより、子供の遊びの「室内化」が始まるのだが、ちょうどこの時代はテレビやマンガ週刊誌の出現もあり、結果的にそれを加速させた。

(3) 情報化社会の発展と普及

人間関係が希薄になった最大の要因は、「テレビ・テレビゲーム・パソコン」の進化と普及にあるのではないだろうか。いずれも "個" で楽しむものであり、対面でのコミュニケーションを図ることは不可能である。しかも、現代社会ではこれらを否定して生活することはできない状況にある。テレビ・パソコンは、見る側が一方的に受け手となってさまざまな情報が流れ、そして、その内容を見ると、必ずしも適切なものばかりとはいえない。善悪あるいは仮想か現実かの区別もつかない子供たちにとっては、弊害のある情報が多すぎるといえる。

しかし、マイナス面だけではなくプラス面を考えてみると、家族間において「パソコン」や「携帯電話」などの端末とネットワークを介した、新しい形のコミュニケーションが生まれつつある、ということが挙げられる。また、情報化が進むことにより「SOHO」と呼ばれる家庭を職場とする仕事の形態が増加し、家族とのコミュニケーションの時間が増えるという可

第 6 章　現代社会における家族

表6.1　日本の青少年の生活と意識

	小学4〜6年	中学生	15〜17歳
1位	テレビ視聴 (67.6%)	テレビ視聴 (68.3%)	テレビ視聴 (63.4%)
2位	テレビゲームなどの 室内ゲーム (56.8%)	漫画を読む (49.4%)	音楽を聴く (52.4%)
3位	漫画を読む (49.0%)	テレビゲームなどの 室内ゲーム (46.8%)	友達とおしゃべり (40.9%)
4位	スポーツ・運動 (33.0%)	友達とおしゃべり (38.6%)	買い物 (39.0%)
5位	家族とおしゃべり (31.3%)	音楽を聴く (37.6%)	漫画を読む (35.5%)

内閣府政策統括官総合企画調整担当編（平成12年9月実施）より

能性も考えられる。対面で会話が中心となる従来のコミュニケーションとは異なるが、未来における「家族の絆」の一役を担う可能性のあるものとして注目していきたい。

　さて、テレビゲームに関して述べると、1980年代に発売された「ファミコン」の出現が、子供の遊びの「室内化」、「同年齢化」、「小人数化」にさらに拍車をかけたといえる。現代の小学生は、友人の家に何人か集まってもテレビゲームで遊び、その間はほとんど会話がないという。そして、外で遊ぶのは1週間に1回が普通で、外遊びが減少したことが骨や筋肉の発達にまで影響しているとの調査結果がある。多くの子供たちは、学校のあとに塾やお稽古事に行き、帰ってくると食事もそこそこにテレビを見たりゲームやパソコンに向かう、といった生活を送っている。このような状態では、家族とのコミュニケーションも希薄にならざるをえない（表6.1）。

　以上のような状態以外にも、共働きや離婚の増加など、家庭環境に変化をもたらしている要因がある。いずれも子供の成長や発達に何らかの影響

を及ぼしているといえる。そして、前述のような問題点のある高度成長期以降に子供時代を過ごした人たちが、親となっている時代がきている。そのような親は、自分の子供との関わり方や地域社会との関わりにおいて悩むことになるのである。

その例として、営利目的の業者による「子供の叱り方講座」が盛況だということが挙げられる。子供時代に"個"で過ごすことが多く、順調に人間関係を構築できなかった人は、自分の子供にさえどのように接してよいかわからないのである。そして、このような講座に依存しなければいけない状況になってしまう。しかしながら、このことは「子供との接し方」という"技法"よりも"心の問題"に属するのではないだろうか。このような講座が出現することそのものが現代社会の問題点ともいえるが、親が一人で子供とのコミュニケーションの方法を模索し、ストレスを蓄積させるよりは、適切な解決策とも考えられる。

また、地域社会との関わりに悩む親たちの例としては「公園デビュー」が挙げられる。「公園デビュー」とは、初めて子供を公園で遊ばせることである。子供を公園で遊ばせるということは、「運動能力の発達のため」以外に「友達づくり」が大きな目的である。そのためには子供どうしの関わりと並行して、公園に集まっている他の母親たちに、母親である自分がうまく溶け込めるかどうかが重要なポイントとなるわけである。人間関係が希薄な状況で成長し、結婚後もご近所など地域社会と関わりがなかった母親は、その公園デビューを控えて、髪型や服装まで悩み、うつ状態にさえなる、という話を聞く。

高度成長期以降、家庭環境の変化によって、家庭内で学ぶべき社会のルールやマナーが欠落し、また、家庭を取り巻く環境の変化によって、コミュニケーション能力が未発達のまま成長するという現実がある。市町村や区などでは、地域でのコミュニケーションを図ろうと、地区センターや図書館などでさまざまな交流活動を実施しているが、それに興味を示さない子供たちが増加しているのが現状である。"個"に向かう社会状況の変化

第6章　現代社会における家族

を踏まえ、どのように家庭内や地域とのコミュニケーションを図り、人間関係を構築していくかが今後の課題である。

6.2　コミュニケーションの重要性

家庭内のコミュニケーションは、「親子間」、「夫婦間」、また大家族における「世代間」が考えられ、いずれも家庭環境においては非常に重要なことである。

(1)　子供の"心の発達"

"心の発達"は乳幼児期から始まっており、そのことは後の"心の成長"に大きな影響を及ぼすといわれている。精神分析学の権威であるE.エリクソンは『ライフサイクル論』（図6.1）によって、人生の段階を八つに分け、それぞれに取り組む課題と獲得する事柄を提示した。

この表は、初めの課題の獲得に成功しないと、次の段階の課題にうまく取り組むことができないことを示している。つまり「信頼 対 不信／希望」は「信頼」が「不信」を上回って「希望」を獲得し、初めて次の段階にうまく取り組むことができる、ということである。表を見ると、1歳くらいまでが第一段階の形成期であり、その時期に得られた信頼感を自分の"心

取り組む課題	獲得する事柄	
自我の統合　対　絶望	英知	
生殖性　対　停滞	世話	
親密さ　対　孤立	愛	
自己同一性　対　役割拡散	忠誠心	13～21歳位
勤勉性　対　劣等感	自己効力感	6～13歳位
積極性　対　罪悪感	目的	2～6歳
自立心　対　恥・疑惑	意志力	1～2歳
信頼　対　不信	希望	～1歳

図6.1 E.エリクソンのライフサイクル（生活周期）（R.I.エヴァンズ『エリクソンは語る――アイデンティティの心理学』新曜社より）

の土台"にしていくといわれている。

　また、赤ちゃんの表情の観察結果では、生後3か月くらいまでに母親や父親など、何に向かって笑うのかを具体的に学んでいるのではないか、との報告がある。母親にやさしく見つめられ、微笑みながら眠りにつく赤ちゃんの表情は安心感に溢れているといえる。一説には、「精神病の人はこの人生早期に問題がある」といわれるほど重要な時期なのである。子供とのコミュニケーションは、その子がこの世に生を受けたときから始まっているのである。

　次に重要な時期は1歳半〜2歳くらいとなる。このころ子供は、外への強い興味と親から分離する不安が共存する不安定な状態になるといわれている。この時期に親に適切に受けとめられないと「見捨てられる不安」という激しい不安を心に抱くことになる。たとえば、母親と買い物に行き、自分の興味のある場所に勝手に移動したところ、ふと母親が近くにいないことに気がつき、激しく泣いている子供がその例である。

　乳幼児期に母親から適切に受けとめられることが、その人の心の土台をつくる上で非常に重要だということがいえる。そして、不適切な関わり方をされた場合は、発達段階の課題が順調にはいかなくなる可能性があるということである。このことからも"幼児・児童虐待"を受けることが、子供の心にとって大きな影響を与えることがわかる。

(2) 幼児・児童虐待

　"虐待"というと身体的なものをイメージしてしまうことが多いが、それは、身体的なものに限らず精神的なものも含んでいる。そして、繰り返し行われている状態のことをいう。分類すると下記のとおりである。

① 身体的虐待……肉体的な苦痛を与える行為
　体を叩く・蹴る・溺れさせるなどの体に苦痛や傷を与えるもの。
② 情緒的虐待……精神的な苦痛を与える行為

絶えず言葉で馬鹿にする・否定する・怒鳴る・叱るなどで、子供を否定し、子供の心に深い悲しみや怯え、辛さなどの苦痛を与えるもの。
③ 性的虐待……性的な関与
養育者や身近な人が、子供に性的ないたずらや行為をしたり、子供に性的な要求をすること。
④ 身体的放置
子供の健康と発達と保護、最低限の衣食住の世話などを放棄すること。
⑤ 情緒的放置
情緒的な拒絶・突き放し・無関心など、子供との情緒的な関わりを放棄すること。

このほかに"過保護"と呼ばれる、子供の欲求や感情を無視して親の意向を優先させるという、子供を自分の所有物のように扱っている状態も"情緒的虐待"に分類されるといえるのではないだろうか。
このような幼児虐待を受けた子供は「歪んだ対人関係」を学ぶことになり、"トラウマ（心的外傷）"を負うことになってくる。また「世代間伝達」といって、虐待をしている親自身が子供のころに虐待を受けて育った、という例も少なくない。
どのような要因をもった家庭に虐待が多く見られるのか、いくつか例を挙げる。① 低所得者で経済的に不安定である、② 孤立した家庭で、夫や親族の手助けがない、③ 夫婦の仲が悪く、暴力沙汰が多い、④ 虐待する養育者自身が幼少時に虐待や長期の分離を体験している、⑤ 養育者の要求や期待と子供の実際の発達が一致しない。子供の側からは、「発達や発育が遅れている」などといったことも挙げられるが、おもな要因は精神的に未成熟な親の側にあると考えられる。
現代の多くの母親は孤独の中で育児を行っている。前項でも述べたように、"個"に向かう社会状況の中で、育児に関しても、相談できる相手が近くにいないこと、そして、育児に協力的な夫もまだまだ多いとはいえな

い。一人で子供の変化に一喜一憂することになり、多大なストレスとなるのである。虐待を少しでも減少させるためには、「親子間」だけではなく「夫婦間」、「世代間」や「地域」とのコミュニケーションが重要なことだといえるのではないだろうか。

　では、家庭環境の基礎となる家族間のコミュニケーションは、現代社会ではどのように捉えたらよいのかを考えてみたい。

　かつての親子関係は「家父長制度」のもと、「父親の役割」、「母親の役割」そして「子供の役割」と、それぞれ暗黙のルールの中でその役割を実行してきた。しかし現代、「家父長制度」の崩壊により、役割としてのコミュニケーションが成立しない状態がある。しかし現実には、「父親らしく」「母親らしく」とその役割に縛られている人が多いのではないだろうか。これからの時代は、家族一人ひとりがそれぞれを"役割"の存在として見るのではなく、"一人の人間"として見ることが必要である。そして違いを認め、承認し、感謝し合うことが非常に大切である。そのためにはまず、どのようなコミュニケーションで相手に接すればよいのかを観察することである。

　"個"に向かう社会状況の中、気がつかないうちに、家族間でも自分のこと以外は関心が薄くなっているとはいえないだろうか。子供が求めているものは「おもちゃ・お金」などといった物質的なものよりも、まず「自分を受け入れてくれること・理解してくれること」といった精神的なものであることがわかるはずである。家庭環境に問題が発生すると、弱い立場の子供に一番影響を及ぼすといわれている。それは家庭内暴力や引きこもりの原因ともなる。コミュニケーションとは、人間関係を構築していくひとつの手段だということを再認識し、適切なコミュニケーションで家族間の絆を築いていくことが必要である。

第6章　現代社会における家族

6.3　子供たちの未来

　前述したとおり、急速な社会状況の変化の中で、家庭環境の変化も避けられない状況にあるといえる。また、日本の近い未来を考えてみると「離婚や共働きの増加」、「学校の荒廃」、「高齢化社会における負担増」、「長びく不況による将来の不安」など、子供にとって明るいことばかりではなく、また、個人で解決できないことも多い。

　ここでは三つのアンケート調査の結果から"子供たちの未来"を考えてみたい。まず、学校教育の取組みとしては、本年度、東京都教育委員会が策定した都内の小中高の「指導力不足教員」と判断するための指針は「教科に関する知識不足」の他に、「児童らの反応を無視するなど指導方法が不適切」、「児童の心を理解する能力・意欲に欠ける」、「教員の資質がない」など、児童とのコミュニケーションを多く挙げていることは非常に評価できる。反面、現代の若い親と同様に若い教師も"個"に向かう時代に成長し、子供とのコミュニケーションのとり方に苦慮している姿がうかがえる。

　また、その指針では「指導力不足」と判断された教員には、研修・配転・分限免職という処置を段階を踏んで実施することも決定したとのことである。このような制度が全国に普及し、家庭とともに学校でも、学力ばかりではなく子供の"心の発達"に目を向けてほしいものである。

　次に、家庭の教育力については、平成13年10月に国立教育研究所が全国の25歳～54歳の親12,000人にアンケート調査を実施し、3,859人から回答があった。それによると、子供の躾など、家庭の教育力の低下について「まったくその通り」、「ある程度そう思う」を合わせた回答が67.2%に上った。また、その理由としては、「過保護・過干渉」、「テレビ・映画・雑誌などの悪影響」、「躾や教育の仕方がわからない親の増加」、「躾や教育に無関心な親の増加」、「学校や塾など外部の教育機関に対する躾や教育の依存」が

6.3 子供たちの未来

表6.2 日本の青少年の生活と意識〈人生観関係・人の暮らし方〉

	15〜17歳	18〜21歳	22〜24歳
その日、その日を楽しく生きたい	27.3% (27.9%)	23.9% (21.4%)	18.3% (20.3%)
身近な人との愛情を大事にしていきたい	24.8% (23.4%)	26.3% (31.4%)	30.7% (39.3%)
自分の趣味を大切にしていきたい	21.4% (18.3%)	21.1% (19.2%)	19.2% (14.6%)
経済的に豊かになりたい	17.6% (15.0%)	18.4% (14.5%)	20.1% (14.8%)
社会や他の人のためにつくしたい	5.4% (9.2%)	5.4% (7.5%)	6.9% (6.4%)
よい業績を上げて、地位や高い評価を得たい	2.5% (4.8%)	4.6% (4.6%)	3.4% (3.3%)

内閣府政策統括官総合企画調整担当編（平成12年9月実施）より

それぞれ40％を超えている。この結果から、現代の"子をもつ親"は社会状況の変化に伴う家庭環境の変化を自覚しており、また、それを自身のことも含めて問題だと考えていることがわかる。

そして、このアンケートでは、この問題の解決策についても問い、「勤務時間の短縮や休暇の増加」、「子供の体験活動の機会の提供」、「家庭教育について親自身の学習機会の提供」といった回答が挙げられている。親が求める「機会の提供」を地域社会の活動として考える必要性があるとともに、親自身も心に抱えるだけではなく、積極的に問題解決に向かって行動することが重要である。

最後は、現代の青少年の、人生観についてのアンケート結果である。将来を具体的に考えられる年齢の青少年は、自分の人生の未来像をどのように考えているのだろうか。表6.2は、平成12年9月に15歳〜24歳1,675人を対象に実施した「人生観」に対するアンケート結果である。注目すべき点は、

第6章　現代社会における家族

「その日を楽しく生きる」、「身近な人との愛情を大事に」、「自分の趣味を大切に」などが上位を占め、人生目標を社会にではなく自分自身の内側に描いている、ということである。個人主義から発生する価値観の多様化ともいえる。物質的には恵まれている日本社会ではあるが、これからは子供たちが自ら"夢"や"目標"を語り、自分の存在価値を家庭や社会に見いだせるような環境を考えていくことが必要ではないだろうか。そのためには、家庭だけではなく、学校や地域社会との連携が、"個"に向かうこれからの時代にはますます重要になってくると考えられる。

　人間関係の基本は家庭である。そして、子供に遺伝するのは肉体的なものだけではない。家族を一つの生命体と考えると、親が内面にもつ"環境"や"心"も子供に遺伝するのではないだろうか。子供たちの未来のために、環境や心の悪しき遺伝子を親がどこかで断ち切ることが必要である。

参考文献

第1章　地球環境の現況
⑴ C.D.Keeling, T.P.Wahlen, M.Wahlen, and J.van der Plicht, *Nature* **375**, 22（1995）
⑵ IPCC 第1回作業報告『気候変化』(1995)
⑶ シーア・コルボーン他『奪われし未来』翔泳社（2001）
⑷ 環境庁編『平成11年度　環境白書』(2000)
⑸ 環境省編『平成13年度　環境白書』(2002)

第2章　農業・林業と自然環境
⑴ エルンスト・ワイツゼッカー『地球環境政策』(宮本憲一, 佐々木建他訳) 有斐閣（1994）
⑵ 東正彦・安部琢哉編　川那部浩哉監修『地球共生系とは何か』平凡社（1992）
⑶ ロデリック・ナッシュ『自然の権利』《ちくま学芸文庫》（1999）
⑷ 瀬戸昌之『生態系』有斐閣（1992）
⑸ ジェレミー・リフキン『地球意識革命』(星川淳訳) ダイヤモンド社（1993）
⑹ 祖田修『農学原論』岩波書店（2000）
⑺ 木村眞人『土壌圏と地球環境問題』名古屋大学出版会（1997）
⑻ 『地球環境条約集』(1999年版) 中央法規
⑼ 茅陽一監修『環境年表2000／2001』オーム社（1999）
⑽ WRI・IUCN・UNEP編『生物の多様性保全戦略』中央法規（1993）
⑾ 日本農作業研究会編『農作業便覧』農業統計協会（1992）
⑿ 日本有機農業研究会編集『有機農業ハンドブック』農文協（1999）
⒀ 能沢喜久雄監修 農林中金総合研究所編『環境保全型農業とは何か』農林統計協会（1996）
⒁ 日本有機農業学会編『有機農業』コモンズ（2001）
⒂ 服部信司『グローバル化を生きる日本農業』NHK出版（2001）
⒃ OECD『農業の多面的機能』農文協（2001）
⒄ 宇根豊『百姓仕事が自然をつくる』築地書館（2001）
⒅ 林野庁『平成12年度林業白書』日本林業協会（2001）
⒆ 安田喜憲『森林の荒廃と文明の盛衰』思索社（1989）
⒇ 畠山重篤『森は海の恋人』北斗出版（1994）
(21) 黒田洋一, フランソワ・ネクトウ共著『熱帯林破壊と日本の木材貿易』築地書館（1990）
(22) 藤森隆郎『森との共生』《丸善ライブラリー》（2000）
(23) イアン・アークハート／ラリーブラット共著『ザ・ラスト・グレート・フォレスト』(黒田洋一他訳) 緑風出版（2001）

参考文献

⑳ A.G.ハワード『農業聖典』日本経済評論社（1985）
㉔ J.I.ロデール『黄金の土ペイ・ダート』酪農学園大学エクステンションセンター（1993）
㉕ ジョン・ハンフリーズ『狂食の時代』（西尾ゆう子、永井喜久子訳）講談社（2002）
㉖ ジョエル・テクナー他『市民のための予防原則』反農薬東京グループ（2001）
㉗ FAO『途上国における農畜産業と環境』FAO協会（1999）
㉘ FAO『持続可能な森林経営の達成に向けて』FAO協会（1996）
㉙ 藤森隆郎「新たな森林管理・エコシステムマネージメント」『森林科学』21号（1997）
㉚ 色川大吉編『水俣の啓示』筑摩書房（1995）
㉛ レイチェル・カーソン『沈黙の春』（青樹梁一訳）新潮社（1987）
㉜ 有吉佐和子『複合汚染』新潮社（1976）
㉝ ローマクラブ『成長の限界』ダイヤモンド社（1972）

第3章　生活環境と健康

(1) 『内科学』第12章「リウマチ, アレルギー, 膠原病, 原発性免疫不全」文光堂（1999）
(2) 『シンプル衛生公衆衛生学2002』第4章「疾病予防と健康管理」南江堂（2002）
(3) 『厚生の指標』臨時増刊「国民衛生の動向」48(9)（厚生統計協会, 2001）
(4) 富永祐民「がんの危険因子」『疫学ハンドブック』pp.9-13（重要疾患の疫学と予防）（日本疫学会編集, 1998）
(5) Wynder,E.L., Gori,G.B., Contribution of the environment to cancer incidence——an epidemiology exercise, *J. Natl. Cancer Inst.* **58**, 825-832（1977）
(6) Doll,R., Peto,R., The cause of cancer-quantitative estimate of avoidable risks od cancer the United States today, *J. Natl. Cancer Inst.* **66**, 1192-1308（1981）
(7) 厚生省編「喫煙と健康——喫煙と健康問題に関する報告書——（第2報）』pp.47-75, pp.158-163, 保健同人社（1993）
(8) 千村浩「生活習慣病の背景と今後の対策について」『診断と治療』87(3), 391-396（1999）
(9) 「免疫系の異常と疾患」『標準免疫学』医学書院（2000）
(10) 中島基貴編著『香料と調香の基礎知識』産業図書, pp.346-347（1995）
(11) 廣瀬清一『香りをたずねて』コロナ社, pp.1-22（1995）
(12) 永田勝太郎編著『漢方薬の手引き』小学館（1995）
(13) 丁宗鐵『民間療法ハンドブック』PHP研究所（1998）
(14) 藤巻宏編集『地域生物資源活用大事典』農文協（1998）
(15) 渥美和彦, 帯津良一『医学会新聞』2319, 1-3（医学書院,1998）
(16) 大島宏之『宗教がわかる事典』日本実業出版社, p.107（1992）
(17) 日本木材保存協会編著『木材保存学』文教出版, pp.63-71（1992）
(18) 江口文陽『第16回日本応用細胞生物学研究会講演要旨集』p.3（1999）
(19) 佐々木薫監修『はじめてのアロマテラピー』池田書店, pp.69-105（1998）
(20) 桧垣宮都, 江口文陽, 渡辺泰雄『日本薬理学雑誌』110, 98-103（1997）
(21) 江口文陽, 渡辺泰雄, 菊川忠裕, 吉本博明, 安倍千之, 桧垣宮都『和漢医薬学雑誌』16, 24-31（1999）
(22) E.L.Rice『アレロパシー』（八巻敏雄, 安田環, 藤井義晴共訳）学会出版センター（1991）
(23) クリスティーン・ウエストウッド『最新アロマテラピーガイドブック』（高山林太郎訳）フレグランスジャーナル社（1975）

㉔ ジニー・ローズ『アロマテラピーブック』(バーグ文子, ダルボット幸子訳) 八坂書房 (1998)
㉕ ジェーン・バックル『クリニカルアロマテラピー (よりよい看護をめざして)』(今西二郎, 渡辺聡子訳) フレグランスジャーナル社 (2000)
㉖ 『清岡卓行詩集』思潮社 (1968)
㉗ 宮沢賢治『セロ弾きのゴーシュ』角川書店 (1996)
㉘ シェイクスピア『ロミオとジュリエット』《岩波文庫》(1976)
㉙ 中川真『平安京 音の宇宙』平凡社 (1992)
㉚ 『遠山一行著作集』新潮社 (1986)
㉛ 『芦川聡遺稿集 波の記譜法』時事通信社 (1986)
㉜ Thomas H. Johnson ed., The Poems of Emily Dickinson, Harvard University Press
㉝ 武満徹『音, 沈黙と測りあえるほどに』新潮社 (1971)
㉞ 芋阪良二編著『新訂 環境音楽 快適な生活空間を創る』大日本図書 (1992)
㉟ 村井靖児『こころに効く音楽』保健同人社 (1992)

第4章 食品と健康

(1) 江口文陽, 渡辺泰雄編著『キノコを科学する』地人書館 (2001)
(2) 江口文陽, 桧垣宮都, 渡辺泰雄編著『生命と環境の科学』地人書館 (1999)
(3) 江口文陽「(特集) 健康なからだづくりのための食品・栄養学」『上州路』No.339, あさを社
(4) 日本有機農業学会編『有機農業 二十一世紀の課題と可能性 有機農業研究年報一』コモンズ
(5) 中村修『やさしい減農薬の話』北斗出版
(6) 農林水産省ホームページ: http://www.maff.go.jp/
(7) 中村克哉『シイタケ栽培の史的研究』東宣出版 (1983)
(8) 小川武廣『よみがえれ椎茸』日本椎茸農業協同組合連合会 (2000)
(9) 『朝日百科 キノコの世界』朝日新聞社 (1997)
(10) 大賀祥治「広がれキノコ文化」『西日本新聞』
(11) 大賀祥治「キノコとは」「キノコの栽培法」『キノコを科学する』(江口文陽, 渡辺泰雄編著) 地人書館 (2001)
(12) 大賀祥治『キノコ年鑑』プランツワールド (2002)
(13) 大賀祥治『特産情報』2001(2), (3), (4), (5), (9), (10). プランツワールド
(14) 大賀祥治『バイオテクノロジー』《木材科学講座11》海青社 (2002)
(15) S. Ohga, S. Iida, C.-D. Koo, N.-S. Cho, Effect of electric impulse on fruit body production of *Lentinula edodes* in the sawdust-based substrate. *Mushroom Sci. Biotechnol.* **9**, 7-12 (2001)
(16) S. Ohga, M. Smith, C.F. Thurston, D.A. Wood, Transcriptional regulation of laccase and cellulase genes in the mycelium of *Agaricus bisporus* during fruit body development on a solid substrate. *Mycol. Res.* **103**, 1557-1560 (1999)
(17) S. Ohga, D.A. Wood, Efficiency of ectomycorrhizal basidiomycetes on Japanese larch seedlings assessed by ergosterol assay. *Mycologia*, **92**, 394-398 (2000)
(18) S. Ohga, D.J. Royse, Transcriptional regulation of laccase and cellulase genes during growth and fruiting of *Lentinula edodes* on supplemented sawdust. *FEMS Microbiol. Lett.* **201**, 111-115 (2001)
(19) 大賀祥治, 具昌徳, 金載水, 趙南奭, 眞許勝弘, 寺下隆夫, 森永力, 堀越孝雄, 江口文陽, 北本豊「マツタケ子実体発生におよぼす核酸関連物質の効果」『九州大学演習林報告』83, 43-52 (2002)

参考文献

⑳ 大賀祥治「キノコ栽培での電気インパルス印加に関する研究」テレビマンユニオンへの供与資料（2002）
㉑ 古川久彦『キノコ学』共立出版（1992）
㉒ 水野卓,川合正允『キノコの化学・生化学』学会出版センター（1992）
㉓ 中村克哉『キノコの辞典』朝倉書店（1986）

第5章　市民活動と都市生活環境

(1) CAD計画研究所・シンクタンク宮崎『都市と森林の共同回路を求めて』NIRA研究報告書（1996）（「CAD計画研究所」はNPOぐんまの前身組織）
(2) CAD計画研究所「5市間国際交流環境プログラム」『協働を活かした地域づくり』（総合研究開発機構・地方シンクタンク協議会編）総合研究開発機構（1998）
(3) 総合研究開発機構・植田和弘共編『循環型社会の先進空間――新しい日本を示唆する中山間地域』農文協（2000）
(4) 熊倉浩靖「姉妹都市を活かした地域環境政策」『ボランタリー経済とコミュニティ』（端信行・高島博編著）白桃書房（2000）
(5) NPOぐんま「緑ゴミを核としたバイオマス・ベストミックスによる地域静脈循環」『循環型社会の構築に向けて』（総合研究開発機構・地方シンクタンク協議会編）総合研究開発機構（2002）
(6) 「(特集) 水源県ぐんま――3000万人の水・土・空気を守ろう」『上州路』No.31, あさを社（2001）（青井透「群馬県と首都圏の窒素の循環を考える――利根川上流域の高い窒素濃度の原因と対策」, 小葉竹唐機「ふるさとの川づくり, 私たち一人ひとりが守る川」, 吉田昭彦「循環型社会の形成と水源地涵養の促進に向けて」, 江口文陽「水・土・空気を守るためにキノコと森林に目を向けよう」, 太田守幸「市民が主体となった河川環境モニタリングの考え方について」, 片亀光「エコマンション21で環境経営に踏み出そう――環境対応が企業の命運を左右する時代」を収録）

第6章　現代社会における家族

(1) 斎藤学『子供の愛し方がわからない親たち』講談社（1992）
(2) R.I.エヴァンズ『エリクソンは語る－アイデンティティの心理学』新曜社（1981）
(3) 西沢哲『子どものトラウマ』講談社（1997）
(4) アーロン・T.ベック『認知療法 精神療法の新しい展開』（大野裕訳）岩崎学術出版社（1990）
(5) 小此木啓吾『ヒューマン・マインド 愛と哀しみの精神分析』金子書房（1991）

索　引

【あ　行】

アウストラロピテクス・ロブスッス　15
アガリクス茸　→　ヒメマツタケ
悪性新生物　74, 81
亜酸化窒素　17
『芦川聡遺稿集　波の記譜法』　104
圧搾法　93
アトピー性皮膚炎　67
アナフィラキシー　66
　――型　67
アミノ酸誘導体ホルモン　32
アリゲーター　30
有吉佐和子　53
アルコールとがんの関係　78
アレーニウス　16
アレルギー　66
　――疾患　67
　――性食中毒　68
　――性鼻炎　67
　――体質　68
アレルゲン　67
アレロパシー　90
　――物質　90
アロマセラピスト　97
アロマテラピー　85, 88, 94, 95, 97, 98
　――サロン　97
アロマッサージ　95, 97
アンドロゲン　32
異常気象　19
一次予防　79
一般廃棄物　162
遺伝子診断医学　112
遺伝性・家族性素因　112, 113
遺伝とがん　78
遺伝要因　80
胃の悪性新生物　74

イボニシ　30
インシュリン　32
ヴァンデルング　143
ウイルスとがん　78
ウィングスプレッド会議　30
ウィングスプレッド合意　31
『宇治拾遺物語』　128
ウッドマイルズ　61
宇根豊　59
『奪われし未来』　14, 28, 35
「運命」　106, 107, 109
栄養機能食品　115
栄養バランス　120
栄養補助食品　112
エコシステム　→　生態系
エコシステム・マネージメント　59
エストロゲン　32-34
　――受容体　33
　――様作用　29, 35, 36
エチニール・エストラジオール　30, 35
エッセンシャルオイル　→　精油
エネルギー収支　56
エネルギー抑制　153
エノキタケ　134
エリア型コミュニティ　158
エリクソン　174
エリタデニン　146
エリンギ　135, 139
オゾン観測装置　21
オゾン層　21, 22
　――の破壊　20, 23
オゾンホール　21
「音楽に寄せて」　102
音楽の癒し　99
温室効果ガス　16-18
温暖化　16

【か　行】

カーソン，レイチェル　14, 53
改正JAS法　121, 123, 124
外部環境要因　80
海面の上昇　19
核家族化　170
拡大造林　60
獲得免疫　70
下垂体　32
化石資源　18
ガットフォセ，ルネ・モーリス　95
活物寄生菌　135
家庭環境　170
カバノアナタケ　145
過敏症　66
家父長制度　177
花粉症　67
　――予報　67
過放牧　51
過保護　176
雷とキノコ発生　141
ガムレジン　84
がん　74, 77
　――発生の危険因子　75
　アルコールと――の関係　78
　遺伝と――　78
　ウイルスと――　78
　食物と――の関係　77
　タバコと――の関係　78
環境因子　112
環境音楽　102
環境性発がん因子　75, 76
環境配慮商品　151, 152
環境ホルモン　28, 51
環境問題に関する県民・
　事業者アンケート　149

185

索　引

慣行農法　126
感受性宿主　69
間接伝播（病原体の）　69
感染経路　69, 70
感染源　69
感染症　68, 69, 71
　——の種類　72
感染症の予防及び感染症の患者に
　対する医療に関する法律　71
感染発症指数　69
『ガン病棟』　145
飢餓人口　40
気管支喘息　67
気候変動に関する政府間パネル
　（IPCC）　18, 20
気候変動枠組み条約　20
基剤→キャリアオイル
擬似ホルモン　32
気象庁気象研究所　19
北島君三　129
キツネタケ　141
機能性食品　112
キノコ
　——観察会　142
　——と生理活性　128
　——の抗ウイルス作用　146
　——の降コレステロール作用　146
　——の抗生物質　144
　——発生と雷　141
木の芳香療法　88
虐　待（幼児・児童の）　175, 176
伽　羅　88
キャリアオイル　94, 98
『教訓抄』　102
協　働　155, 156
京都議定書　20
強兵なき富国の道　153-155
清岡卓行　99, 100, 104
『銀河鉄道の夜』　100
草木染め　91
クロアワビタケ　132
クロルデン　118
クロロフルオロカーボン　23
ケージ, ジョン　104, 105

幻覚キノコ　141
健康食品　113
健康保菌者　69
抗ウイルス作用（キノコの）　146
公園デビュー　173
抗菌作用（キノコの）　143
降コレステロール作用(キノコの)　146
抗腫瘍活性成分　144
甲状腺　32
　——ホルモン　32
香　水　84
コウタケ　138
香　道　87
香　木　87, 88
コーデックス委員会　→
　FAO/WHO合同食品規格委員会
『古今著聞集』　128
『古今和歌集』　128
国際熱帯林協定　27
国際熱帯林行動計画　27
国際標準化機構（ISO）　14
国産シイタケ　118
国土交通省都市・地域整備局市街地
　整備研究会　157
穀物自給率　125
国連環境開発会議　55, 59
国連環境計画（UNEP）　20, 42
国連食糧農業機関
　（FAO）　41, 50, 54
国連人間環境会議　42, 54
心の成長　174
心の発達　174, 178
個人主義　180
子供たちの未来　178
子供の叱り方講座　173
コプラナーポリ塩化ビフェニール　38
駒右衛門　129
ゴミ減量　150, 151
ゴミ発生抑制　153
コミュニケーション能力　173
コミュニケーションの重要性　174
コミュニティ
　エリア型——　158
　テーマ型——　158

コルボーン, シーア　14, 28, 30-32
『今昔物語』　128

【さ　行】
細胞障害型　67
サウンドスケープ　105, 107
里　山　63
砂漠化　52
サリドマイド事件　31
産業廃棄物　162
三次予防　79
酸性雨　24
サンティアゴ宣言　59
残留農薬　53
シイタケ
　118, 128, 131, 133-137, 139, 141
　——栽培　129
シェイクスピア　102
シェーファー　105
ジエチルスチルベストロール　31
紫外線の増加　23
子宮の悪性新生物　75
自給率向上　119
自己決定・自己責任　155
自己施肥能力　47, 60
自己免疫現象　82
自己免疫疾患　82, 83
ししおどし　104
自然免疫　70
持続可能性　47, 52, 54-56, 58, 61
疾病の発生要因　69
指導力不足教員　178
シビレタケ　140
死物寄生菌　135
姉妹都市　158
市民活動　148, 157, 158
市民と行政の協働　148
重金属の残留基準値　118
シューベルト　102, 107
宿主性因子　75
宿主の感受性　70
受動喫煙　78
受動免疫　71
循環型社会　151

索　引

賞香期限　94
少子化　170
情緒的虐待　175
情緒的放置　176
情報化社会　171
情報の環　152, 153
ショウロ　128
食　医　112
食材製品の一次機能　119
食材製品の三次機能　120
食材製品の二次機能　119-120
食事性アレルギー　68
食品成分の安定性　120
食品素材の安全性　120
食品リサイクル法　164
食物とがんの関係　77
食物連鎖　47
食糧安全保障　57
食料・農業・農村基本法　62
食料の輸入額　116
植　林　61
所得倍増　154
『白雪姫と七人のこびと』　141
シロシーベ・クベンシス　141
人口増加　40, 42
　　──と環境悪化　42
『人口白書』　50
人口爆発　14
人工林
　　──の育成　60
　　──の自然林化　61
心疾患　81
人生観　179
身体的虐待　175
身体的放置　176
心的外傷　176
蕁麻疹　68
森林原則声明　27
森林療法　91
水蒸気蒸留法　93
膵　臓　32
垂直感染　70
水平感染　70
スカッケベック　31

ステロイド骨格　33
ステロイドホルモン　32
生活環境問題　155, 157-159
生活圏としての地域把握　148
生活習慣病　79-81
生活習慣要因　80
生活の質　80
清少納言　104
成人病　79
精　巣　32
生態系　47, 48, 62, 63
成長の限界　14
成長ホルモン　32
性的虐待　176
生物層の多様性　53, 60
生物濃縮　35
生分解性プラスチック素材　168
生命産業　46
精　油　89, 92, 94, 98
　　──の作用経路　95
　　──の製造法　92
生理活性物質　96
世界気象機構　20
世界人口開発会議　44
『世界森林白書1999年』　50
世界貿易機構　59
セグロカモメ　30
接触性皮膚炎　68
施肥化　162, 165
セルロース　91
セロトニン　96
『セロ弾きのゴーシュ』　99
先天抵抗力　70
先天免疫　70
潜伏期　68
　　──保菌者　69
ソルジェニーツィン　145

【た　行】

ダイオキシン　38, 39, 162
　　──の生成メカニズム　39
　　──類　38, 39
大気中の二酸化炭素濃度　16-18
代替医療　85

代替フロン　24
代替療法　90
大東亜戦争　154
大日本帝国　154
大腸の悪性新生物　74
高見順　101
他感作用　→　アレロパシー
武満徹　104
田中長嶺　129
種　駒　129
タバコとがんの関係　78
タバコモザイクウイルス　146
多面的機能　59, 60, 62, 63
樽（酒の）　91
地域環境政策　158
地域社会　171
地域静脈循環　162, 166, 167
チーク　26
遅延型アレルギー反応　67
地球開発環境会議　20
地球環境概況3　42
地球環境問題　149
地球サミット　27
地産地消　119
チップ化　167
乳房の悪性新生物　74
地方自治　155
チャーガ　145
中山間地域　148
直接伝播（病原体の）　69
猪　苓　145
沈　香　88
『沈黙の春』　14, 53
ツクリタケ　136, 139, 140
『徒然草』　103
ディキンソン，エミリ　108
低投入持続型農業　54
テーマ型コミュニティ　158
テルペン類　86, 90
冬虫夏草　145
糖尿病　81
トウモロコシ　134
遠山一行　101
特定保健用食品　115

187

索　引

特別用途食品　115
トラウマ　176
トリテルペン　146
トリプチルスズ　30, 35
トリュフ　137

【な 行】

内分泌攪乱物質　35, 51
中川真　102, 103
ナチュラルキラー細胞　89
生ゴミの堆肥化　167
生シイタケ　118
ナメコ　134
楢崎圭三　129
二酸化炭素
　——濃度（大気中の）　16-18
　——の固定　25, 26
　——の放出　27
西門義一　129
21世紀の国土のグランドデザイン　153
二次予防　79
『日本書紀』　128
日本農林規格法　→　JAS法
日本の有機農業　125
乳　香　84, 90
ヌメリスギタケ　130
ネアンデルタール人　15
熱帯雨林　24, 25, 27, 28
　——の消失　25, 26
熱帯季節林　27
熱帯林　27
　　国際——協定　27
　　国際——行動計画　27
年齢調整死亡率　74
農業の多面的機能　58
農業の保水機能　58
脳血管疾患　81
農耕地　47, 48
　——への転用　50, 51
能動免疫　71
ノニルフェノール　30, 35

【は 行】

ハーブ　94

——医学　95
——ウォーター　93
バイオマス　162, 163, 166
　——・コージェネレーション　165
　——・ベストミックス　162, 164-166
　——の資源化技術　165
廃棄物焼却施設　39
肺の悪性新生物　74
ハウスダスト　67
白内障　23
ハタケシメジ　130
発がん　75, 78
　——因子　75, 77
　——物質　77
ハロン　23
ハンセン　16
『ピーターパン』　141
ヒエログリフ　66
光過敏性皮膚炎　68
光感作反応　68
光毒素反応　68
ビスフェノールA　35
ヒノキ　86
皮膚がん　23
ヒメマツタケ　113, 118, 131, 145
ビャクダン　86
病原巣　69
病原体　69
病後保菌者　69
病識　113
ヒラタケ　128, 134, 139
ファミコン　172
フィトンチッド　90
フードマイルズ　57
フェノール類　86, 90
フォレー　142
『複合汚染』　53
福沢諭吉　156
副　腎　32
　——皮質ホルモン　32
茯　苓　145
不顕性感染　69
藤森隆郎　59
仏教の伝来　87

仏像　86
ブナシメジ　134
フルトヴェングラー　106
フローラルウォーター　93
フロン　17, 23
　——量　24
　　代替——　24
『平安京　音の宇宙』　102, 103
『平家物語』　128
ベートーヴェン　106, 107, 109
ベーム, カール　105
北京原人　15
ベニテングタケ　141, 142
ペプチドホルモン　32
ヘミセルロース　91
芳香性物質　83
芳香浴　95, 97
芳香療法　85, 88, 89, 94, 95
　　木の——　88
『芳香療法』　95
保菌者　69
牧場への転用　51
保健機能食品　115
ポスト・ハーベスト段階での
　安全性情報　116
ポスト・ハーベストのための
　添加物質　119
ホモ・エレクツス　15
ポリ塩化ダイベンゾダイオキシン　38
ポリ塩化ダイベンゾフラン　38
ポリ塩化ビフェニール　30, 51
ポリカーボネート　35
ホリスティックな自然療法　94
ホルモン　32
　——作用　32
ホンシメジ　131, 134, 137

【ま 行】

マーラー　107
マイタケ　134
埋ほだ法　129
『枕草子』　102
マジック・マッシュルーム
　140-141

188

索 引

松尾芭蕉 104
マッサージのメカニズム 96
マッシュルーム → ツクリタケ
マツタケ 131, 132, 137, 139, 140
　──発生林 135
マツホド 145
麻薬および向精神薬取締法 141
マングローブ 26
マンネンタケ 145
『万葉集』 128
「未完成」 107
見捨てられる不安 175
緑ゴミ 162-166, 168
源兵衛 129
三村鐘三郎 129
宮沢賢治 99
ミラル 84
メシマコブ 145
メタン 17
メネス 66
免疫応答 83
免疫学 83
免疫反応 67
免疫複合体 67
木材腐朽菌 132
没薬 84
森 喜作 129
森本彦三郎 129
モントリオール議定書 23
モントリオールプロセス 59

【や 行】

ヤナギマツタケ 132
山県有朋 156
ヤマドリタケ 137, 138
ヤマブシタケ 131
有機減農薬 121
有機JAS規格 121, 122, 124, 126
　──制度 120
有機JASマーク 123, 124
有機農産物 120, 124
　──ガイドライン 121, 127
有機農業 54, 120
　日本の── 125

有機農業研究会 55
有機リン剤 53
輸入食品 116
幼児・児童虐待 175
予防原則 55
「4分33秒」 104

【ら 行】

雷 丸 145
『ライフサイクル論』 174
ラベンダー 96, 97
ラムサール条約 46
卵 巣 32
ラン藻類の化石 15, 21
リグニン 91-92
　──の抽出 165
　──の分解 167, 168
リサイクル 150, 151, 153
霊 芝 145
冷浸法 93
レンチオニン 137
ローズウッド 89
ローマ会議 14
『ロミオとジュリエット』 102

【わ 行】

惑星の大気環境 16
和 方 84

【欧 文】

administration 156
citizen 156
CO_2 → 二酸化炭素
Coombs 66
DDE 30
DDT 29, 30, 51, 53
DES 31
Doll 75
FAO → 国連食糧農業機関
FAO/WHO合同食品規格委員会 123
Gell 66
IPCC 18, 20
ISO 14
ISO-14001 14

JAS制度 127
JAS法 121
　改正── 121
NK細胞 89
NPO 157, 158
Partnership 156
PCBs 30, 51
PCDD 38
PCDF 38
Pirquet 66
Portier 66
Private Company 156
Private Public Partnership 156
Public 156
Public Sector 156
QOL 80
Renovation 157
Richet 66
SOHO 171
T細胞 89
TMV 146
UNEP 20, 42
Witebsky 82
WMO 20
WTO体制 117
Wynder 75

生活環境論

2003年4月20日　初版第1刷 ©

編著者　江口文陽・尾形圭子・須藤賢一
発行者　上條　宰
発行所　株式会社 地人書館
　　　　〒162-0835　東京都新宿区中町15
　　　　電話　03-3235-4422　　FAX 03-3235-8984
　　　　URL http://www.chijinshokan.co.jp
　　　　e-mail chijinshokan@nifty.com
　　　　郵便振替口座　00160-6-1532
印刷所　モリモト印刷
製本所　イマヰ製本

Printed in Japan.
ISBN4-8052-0728-0 C3045

JCLS 〈㈱日本著作出版権管理システム委託出版物〉
本書の無断複写は著作権法上での例外を除き禁じられています。複写される場合は、そのつど事前に㈱日本著作出版権管理システム（電話03-3817-5670、FAX03-3815-8199）の許諾を得てください。